Präzisionserhöhung beim Laserstrahl-Mikroschweißen durch angepasstes Energiemanagement

Increased Precision in Laser Beam Microwelding Using an Adapted Energy Management

Von der Fakultät für Maschinenwesen
der Rheinisch-Westfälischen Technischen Hochschule Aachen
zur Erlangung des akademischen Grades eines
Doktors der Ingenieurwissenschaften
genehmigte Dissertation

vorgelegt von

André Häusler

Berichter:

Univ.-Prof. Dr. rer. nat. Reinhart Poprawe
Univ.-Prof. Dr.-Ing. Kirsten Bobzin

Tag der mündlichen Prüfung: 16. Juni 2020

ERGEBNISSE AUS DER LASERTECHNIK

André Häusler

Präzisionserhöhung beim Laserstrahl-Mikroschweißen durch angepasstes Energiemanagement

Bibliografische Information der Deutschen Nationalbibliothek
Die Deutsche Nationalbibliothek verzeichnet diese Publikation in der Deutschen Nationalbibliografie; detaillierte bibliografische Daten sind im Internet über https://portal.dnb.de abrufbar.

André Häusler:

Präzisionserhöhung beim Laserstrahl-Mikroschweißen durch angepasstes Energiemanagement

1. Auflage, 2021

Gedruckt auf holz- und säurefreiem Papier, 100% chlorfrei gebleicht.

Apprimus Verlag, Aachen, 2021
Wissenschaftsverlag des Instituts für Industriekommunikation und Fachmedien an der RWTH Aachen
Steinbachstr. 25, 52074 Aachen
Internet: www.apprimus-verlag.de, E-Mail: info@apprimus-verlag.de

Druck: KN Digital Printforce GmbH, Stuttgart

ISBN 978-3-86359-933-1

D 82 (Diss. RWTH Aachen University, 2020)

Zusammenfassung

Die zunehmende Elektrifizierung von Automobilen und Alltagsgegenständen erfordert eine Vielzahl an Fügeverbindungen an elektrisch und thermisch hochleitenden Materialien, wie z.B. Kupfer. Neben dem Widerstands- oder Ultraschallschweißen stellt das Fügen mit Laserstrahlung eine hochautomatisierte, kontaktlose und reproduzierbare Verbindungstechnologie dar, welche flexibel für unterschiedliche Anwendungen oder Designs eingesetzt werden kann. Die industriell verfügbaren Laserstrahlquellen arbeiten zur Erfüllung dieser Aufgabe im Wellenlängenbereich $\lambda \approx 1$ µm, in dem besonders Kupferbasislegierungen einen geringen Absorptionsgrad aufweisen, welcher zu einer instabilen Energieeinbringung und damit zu Prozessunruhen führen kann. Um dennoch einen stabilen Tiefschweißprozess für die Kontaktierungstechnik realisieren zu können, ist eine materialabhängige Intensität gefordert, die entweder durch eine Reduzierung des Fokusdurchmessers oder durch eine Erhöhung der Laserleistung erreicht werden kann. Letzteres führt aufgrund einer höheren energetischen Belastung bei thermisch sensiblen Bauteilen zu einer Schädigung. Kleinere Fokusdurchmesser führen wiederum zu geringen Anbindungsquerschnitten, welche für elektrisch leitende Anwendungen nachteilig sind.

Zur Kompensation von Prozessinstabilitäten und geringen Anbindungsquerschnitten bietet der Einsatz einer örtlichen und zeitlichen Leistungsmodulation beim Laserstrahl-Mikroschweißen hinsichtlich der Gestaltung und Qualität der resultierenden Fügestellen neue Freiheitsgrade. Der Begriff der örtlichen Leistungsmodulation bezieht sich auf eine kreisförmige Überlagerung der linearen Vorschubgeschwindigkeit, woraus sich eine spiralförmige Bahnbewegung des Laserstrahls ergibt, wohingegen die zeitliche Leistungsmodulation zu einer kontinuierlichen Veränderung der Laserleistung über die Prozesszeit führt. Neben den prozesstechnischen Grundlagen werden im Zuge dieser Arbeit sowohl experimentell als auch simulativ die Einflüsse der einzelnen Kompensationsmethoden auf Effizienz und Präzision eines Laserstrahl-Mikroschweißprozesses untersucht. Die Effizienz ist dabei definiert als Quotient aus aufgeschmolzenen Volumen und Laserleistung, wohingegen die Präzision mit Hilfe der Größen Einschweißtiefenkonstanz und Nahtoberflächenrauheit quantifiziert wird. Durch eine zeitlich und örtlich hochaufgelöste Messung der Energieeinbringung während des Fügeprozesses und einer kombinierten Verwendung der örtlichen und zeitlichen Leistungsmodulation wird mit dieser Arbeit ein grundlegendes Prozessverständnis zur Beeinflussung der Präzision und Effizienz beim Laserstrahl-Mikroschweißen von Kupferbasislegierungen bereitgestellt.

Abstract

The increasing electrification of automobiles and daily objects requires a large number of joints to electrically and thermally highly conductive materials such as copper. In addition to resistance or ultrasonic welding, joining with laser radiation is a highly automated, contactless and reproducible joining technology, which can be used flexibly for different applications or designs. The industrial laser beam sources available for this purpose work in the wavelength range $\lambda \approx 1$ µm, in which copper-based alloys have a low absorption coefficient, which can lead to an unstable energy input and thus to process disturbances. However, in order to realize a stable deep welding process for the contacting technique, a material-dependent intensity is required, which can be achieved either by reducing the focus diameter or by increasing the laser power. Due to a higher energetic load, the latter leads to damage of thermally sensitive components. Smaller focus diameters in turn lead to smaller connection cross-sections, which are disadvantageous for electrically conductive applications.

To compensate for process instabilities and small connection cross sections, the use of a spatial and temporal power modulation in laser microwelding offers new degrees of freedom with regard to the design and quality of the resulting joints. The term local power modulation refers to a circular superposition of the linear feed, which results in a spiral path movement of the laser beam, whereas the temporal power modulation leads to a continuous change of the laser power over the process time.

In addition to the process fundamentals, the influences of the individual compensation methods on the efficiency and precision of a laser beam micro-welding process are investigated both experimentally and simulatively in the course of this work. The efficiency is defined as the quotient of molten volume and laser power, whereas the precision is quantified with the help of the parameters welding depth constancy and seam surface roughness. By measuring the energy input during the joining process with high temporal and spatial resolution and a combined use of spatial and temporal power modulation, this paper provides a basic understanding of the process for influencing the precision and efficiency of laser microwelding of copper-based alloys.

Danksagung

Die vorliegende Arbeit entstand neben meiner Tätigkeit als wissenschaftlicher Mitarbeiter am Lehrstuhl für Lasertechnik der RWTH Aachen University sowie am Fraunhofer-Institut für Lasertechnik. Große Teile der Ergebnisse wurden im Rahmen des von der DFG geförderten Sonderforschungsbereiches 1120 „Präzision aus Schmelze" erarbeitet. Mein besonderer Dank gilt daher den Fördergebern für die finanzielle Unterstützung, den Autoren des Antrags für die zahlreichen innovativen Ansätze und den Kollegeninnen und Kollegen der beteiligten Institute für die produktive Arbeitsumgebung und die angenehme und konstruktive Zusammenarbeit. Mein herzlichster Dank gilt Herrn Prof. Dr. rer. nat. Reinhart Poprawe M.A. für die vielen inspirierenden und aufschlussreichen Gespräche und die fachliche Betreuung dieser Arbeit. Für die bereitwillige Übernahme des Koreferats möchte ich mich bei Frau Prof. Dr.-Ing. Kirsten Bobzin bedanken.

Diese Arbeit wäre nicht entstanden ohne die besondere und außergewöhnliche Umgebung des Kompetenzfeldes Abtragen und Fügen unter der Leitung von Dr.-Ing. Arnold Gillner und der Gruppe Mikrofügen unter der Leitung von Dr.-Ing. Alexander Olowinsky. Besonderer Dank und Anerkennung gebührt dabei meinen Kolleginnen und Kollegen aus dem Team Mikrofügen metallischer Werkstoffe für die zahlreichen technischen Diskussionen und kreativen Ideen. Gesondert hervorheben möchte ich an dieser Stelle Johanna Helm und Dennis Arntz-Schroeder, die mir immer eine große Hilfe und Motivation gewesen sind. Nichts beeinflusst das Studium und den späteren Werdegang mehr als die Menschen, die einen auf diesem Weg begleitet haben. Daher möchte ich meinen ehemaligen Studienkollegen und Freunden Alexander Hoffmann, Benjamin Rubin, Stephan Straaten und Dr.-Ing. Tim Herrig meinen herzlichsten Dank aussprechen. Auch bei meinen ehemaligen Betreuern Dr.-Ing. Felix Schmitt und Benjamin Mehlmann möchte ich mich für die Wegbereitung ans ILT bedanken. Ohne die Mitarbeit von meinen studentischen Mitarbeitern und Abschlussarbeitern Sören Hollatz, Benedikt Gropp, Alexander Schürmann, Stephanie Hupka, Jan Conzen, Dominic Andreae, Marc Hummel und Jana Mund wäre die Durchführung dieser Arbeit an vielen Stellen nicht möglich gewesen.

Schließlich gilt mein aller herzlichster Dank meinen Eltern ohne deren Förderung und Unterstützung ich nicht an diesem Punkt angelangt wäre und meiner Frau Sandra sowie unseren beiden Töchtern Carla und Antonia für die viele Geduld, und Ausdauer sowie die motivierenden Worte während der gesamten Arbeitsphase.

Aachen, Juni 2020 André Häusler

Inhalt

Abkürzungen und Formelzeichen

Symbol	**Beschreibung**	**Einheit**
A	Absorptionsgrad	[-]
$A_{i,j}$	Steigerung der linearen Anpassung	[W/V]
A_s	Oszillationsamplitude der örtlichen Leistungsmodulation	[mm]
$A_{s,x}$	Oszillationsamplitude in x-Richtung	[mm]
$A_{s,y}$	Oszillationsamplitude in y-Richtung	[mm]
A_t	Amplitude der zeitlichen Leistungsmodulation	[W]
A_u	Spannungsamplitude	[V]
A_v	Aspektverhältnis	[-]
b_N	Breite der Schweißnaht	[µm]
b_S	Breite des Schmelzbades	[µm]
c_p	spezifische Wärmekapazität	[J/kg·K]
$c_{p,f}$	spezifische Wärmekapazität des Fluides	[J/kg·K]
$c_{p,s}$	spezifische Wärmekapazität des Festkörpers	[J/kg·K]
d	Materialdicke	[mm]
d_f	Fokusdurchmesser	[µm]
$D_{i,j}$	Diodenspannung	[V]
d_{min}	minimale Materialdicke	[mm]
d_{roh}	Rohstrahldurchmesser	[mm]

d_t	Dicke der thermischen Barriere	[mm]
e	Einschweißtiefe	[mm]
e_{be}	Einschweißtiefe an der Kapillarfront	[mm]
e_e	erforderliche Einschweißtiefe	[mm]
E_K	Konvektive Energie	[J]
e_l	Elementarladung	[C]
E_{Laser}	Eingebrachte Energie durch den Laser	[J]
e_{max}	maximale Einschweißtiefe	[mm]
e_{min}	minimale Einschweißtiefe	[mm]
E_P	Prozessenergie	[J]
E_R	Reflektierte Energie	[J]
$E_{s,lokal}$	lokale Streckenenergie	[J]
E_{Str}	Energie durch Wärmestrahlung	[J]
E_W	konduktive Energie	[J]
e_z	Einschweißtiefenzunahme	[mm]
f	Brennweite der Fokussieroptik	[mm]
f_0	y-Achsenverschiebung	[V]
f_{abtast}	Abtastfrequenz	[Hz]
f_{max}	maximale Frequenz	[Hz]
f_s	Oszillationsfrequenz der örtlichen Leistungsmodulation	[Hz]
$f_{s,x}$	Oszillationsfrequenz in x-Richtung	[Hz]
$f_{s,y}$	Oszillationsfrequenz in y-Richtung	[Hz]

f_t	Frequenz der zeitlichen Leistungsmodulation	[Hz]
h_{fus}	spezifische Schmelzenthalpie	[J/kg]
h_v	spezifische Verdampfungsenthalpie	[J/kg]
I_h	Homogene Strahlungsintensität	[W/sr]
k	Wärmeleitfähigkeit	[W/m·K]
K	experimentell bestimmte Konstante	[mm^3/J]
k_{wd}	Einschweißtiefenkonstanz	[%]
l_k	Länge der Kapillaröffnung	[mm]
l_{kf}	Länge der Kapillarfront	[mm]
l_n	Länge der Messtrecke	[µm]
m	Masse	[kg]
$\dot{m}$	Massenstrom	[kg/s]
M^2	Beugungsmaßzahl	[-]
m_e	Elektronenmasse	[kg]
n	Brechungsindex	[-]
η	Einkoppelgrad	[-]
n_i	Anzahl der Umläufe	[-]
n_l	Ladungsträgerdichte	[$1/m^3$]
p_A	Ablationsdruck	[Pa]
p_a	Äußerer Druck	[Pa]
P_A	Absorbierte Leistung	[W]
p_D	Dampfdruck	[Pa]

p_f	Flüssigkeitsdruck	[Pa]
p_i	Innerer Druck	[Pa]
p_k	Krümmungsdruck	[Pa]
P_L	Laserleistung	[W]
P_m	mittlere Laserleistung	[W]
P_{min}	minimale Laserleistung	[W]
P_R	Reflektierte Leistung	[W]
p_T	Druck durch die Trägheit der Schmelze	[Pa]
Q	Wärmeenergie	[J]
R	Reflexionsgrad	[-]
r	Schmelzbadradius	[mm]
Ra	arithmetischer Mittenrauwert	[µm]
Rmax	maximale Rautiefe	[µm]
R_p	Reflexionsgrad einer parallelen Welle	[-]
R_s	Reflexionsgrad einer senkrechten Welle	[-]
Sa	Flächenrauheit	[µm]
t	Zeit	[s]
T	Transmissionsgrad	[-]
T	Temperatur	[K]
t_0	x-Achsenverschiebung	[s]
$T_{Bauteil}$	Bauteiltemperatur	[K]
t_D	Differenz der Phasenverschiebung	[s]

T_l	Liquidustemperatur	[K]
t_p	Pulsdauer	[ms]
T_s	Solidustemperatur	[K]
t_s	Phasenverschiebung der örtlichen Leistungsmodulation	[s]
$t_{s,0}$	Konstanter Anteil der Phasenverschiebung der örtlichen Leistungsmodulation	[s]
$T_{Schmelz}$	Schmelztemperatur	[°C]
T_{Siede}	Siedetemperatur	[°C]
t_t	Phasenverschiebung der zeitlichen Leistungsmodulation	[s]
T_{theo}	theoretische homogene Temperatur	[K]
T_u	Umgebungstemperatur	[°C]
T_v	Verdampfungstemperatur	[K]
U	Überlappgrad	[-]
U_D	Spannung an Detektor	[V]
U_L	Überlapplänge	[mm]
$U_{Laser,on}$	Spannung zur Aktivierung der Strahlquelle	[V]
U_{mod}	Spannung zur zeitlichen Leistungsmodulation	[V]
v_d	Bohrgeschwindigkeit	[mm/s]
v_f	lineare Vorschubgeschwindigkeit	[mm/s]
v_k	Strömungsgeschwindigkeit aufgrund der Kapillarumströmung	[mm/s]
v_p	Bahngeschwindigkeit	[mm/s]

$v_{p,max}$	maximale Bahngeschwindigkeit	[mm/s]
$v_{p,min}$	minimale Bahngeschwindigkeit	[mm/s]
w_0	Radius der Strahltaille	[mm]
X	spezifischer elektrischer Widerstand	[(Ω/mm²)/m]
x	Raumkoordinate in Vorschubrichtung	[mm]
$x_{max,1}$	Maximum der ersten Oszillation in x-Richtung	[mm]
$x_{min,1}$	Minimum der ersten Oszillation in x-Richtung	[mm]
$x_{min,2}$	Minimum der zweiten Oszillation in x-Richtung	[mm]
y	Raumkoordinate transversal zur Vorschubrichtung	[mm]
Z	Abweichung von der Mittellinie	[µm]
α	Einfallswinkel	[°]
α_k	Kapillarneigung	[°]
α_t	Wärmeausdehnungskoeffizient	[$10^{-6} \cdot K^{-1}$]
Δe	Einschweißtiefenschwankung	[µm]
ΔE	Energieänderung	[J]
ΔT	Temperaturdifferenz	[K]
Δt	Zeitdifferenz	[s]
Δx	Überlapplänge	[mm]
λ	Wellenlänge	[µm]
µ	magnetische Permeabilität	[H/m]
σ	Elektrische Leitfähigkeit	[S/m]
T	mittlere Stoßzeit	[s]

Φ	Oszillationswinkel	[°]
φ	Phasenverschiebung	[-]
φ_x	Phasenverschiebung in x-Richtung	[rad]
φ_y	Phasenverschiebung in y-Richtung	[rad]

1 Einleitung

Mit der zunehmenden Elektrifizierung von Fahrzeugen und anderen konventionellen Geräten im alltäglichen Gebrauch, wie z.B. Fahrräder, Rasenmäher oder Kettensägen, steigt die weltweite Nachfrage nach technischen Werkstoffen mit elektrisch und thermisch hochleitenden Eigenschaften wie z.B. Kupfer oder Aluminium. Bild 1 (links) stellt den prognostizierten weltweiten Kupferverbrauch für die verschiedenen Verbrauchssektoren bis zum Jahre 2100 dar. Zweifellos geht die zukünftige Verdreifachung des jährlichen Kupferverbrauchs Hand in Hand mit der Nachfrage nach einer automatisierbaren, prozesssicheren und reproduzierbaren Fügetechnologie zum Verbinden eben dieser technischen Werkstoffe beispielsweise für Anwendungen in der Elektromobilität. [AUV16]

Das Laserstrahlschweißen bietet dahingehend das größte Potential und stellt beim Verschweißen von Batteriezellen ein etabliertes Verfahren dar. [SCH15] Durch den Einsatz von Strahlquellen hoher Brillanz besteht die Möglichkeit einen überwiegend stabilen und reproduzierbaren Fügeprozess von Metallen mit einer in dem Wellenlängenbereich der Strahlquelle ($\lambda \approx 1$ µm) erhöhten Reflexion (≈ 95 %) zu realisieren. [YOU17]; [GRU17] Durch die Verwendung von Faserlasern, die aufgrund der Entwicklung immer neue Preis- und Leistungsklassen erreichen, können Laserleistungen ≤ 1 kW auf wenige 10 µm Fokusdurchmesser konzentriert werden. [SCH12, S.1–7]; [GED11, S.4] Dadurch kann eine Intensität erreicht werden, mit der auch Reinkupfer auf die für den Tiefschweißprozess notwendige Verdampfungstemperatur erhitzt werden kann.

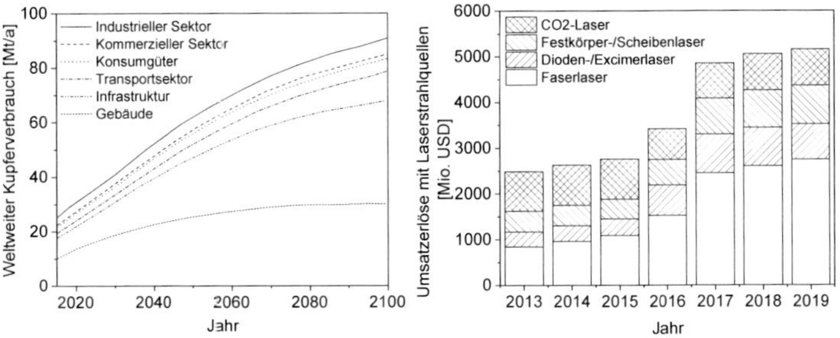

Bild 1: Prognostizierter weltweiter Kupferverbrauch (links) und Marktanalyse vom weltweiten Umsatz an Laserstrahlquellen (rechts)

[OVE19]; [BEL15]; [BEL18]; [SCH18]

Die daraus resultierenden neuen Anwendungsgebiete für Faserlaser führen zu einem stetig wachsenden Markt dieser Art Laserstrahlquellen (s. Bild 1 rechts). Der weltweite Absatzmarkt von Laserstrahlquellen entwickelt ein stetiges jährliches Wachstum von ca. 250 Millionen USD, während sich der Umsatz mit Faserlasern innerhalb von 6 Jahren um den Faktor 3 vergrößert hat [BEL15]; [BEL18]; [OVE19].

Der nachteilige Effekt dieser hohen Intensitäten und dahingehend kleinen Strahldurchmessern bei der Benutzung von Faserlasern ist die Erzeugung einer schlanken und tiefen Schweißnaht mit einem geringen Anbindungsquerschnitt, welche beispielsweise für eine elektrisch leitende Anwendung von Nachteil ist. Als mögliche Kompensationsmethode zur Erzielung eines höheren Querschnittes und zur Beeinflussung der Nahtgeometrie im Sinne eines „Tailored Joint" steht das Strahlpendeln beim Laserstrahlschweißen zunehmend im Fokus der Forschung. [GED07]; [SCH10]; [THI13] Dabei wird der linearen Vorschubbewegung eine zusätzliche Bewegung überlagert, welche den konventionellen geradlinigen Verlauf des Laserstrahls transformiert. Durch diese örtliche Leistungsmodulation besteht die Möglichkeit durch zusätzliche Prozessparameter den Schweißprozess hinsichtlich Geometrie, Effizienz und Präzision zu beeinflussen. [SCH12, S.1–2]; [HEI18, S.90]

Ein weiteres Werkzeug zur Steuerung von Geometrie, Qualität und Funktionalität beim Laserstrahlschweißen ist die Verwendung einer modulierten Laserleistung im Sinne der früheren Ansätze der Pulsformung. [KAT95] So zeigt diese zeitliche Leistungsmodulation weiteres Potential zur Erhöhung der Präzision beim Fügen mittels Laserstrahlung durch kontinuierliche Anpassung der Laserleistung. [SCH12, S.9] Durch den Einsatz einer örtlich und zeitlich kombinierten Leistungsmodulation besteht die Möglichkeit den Gestaltungsrahmen beim Laserstrahlschweißen grundlegend zu erweitern. So sind beim konventionellen Laserfügen lediglich die Parameter Laserleistung, Vorschubgeschwindigkeit, Fokuslage und –durchmesser für eine Anpassung des Prozesses an technische Anforderungen vorhanden. Die Beeinflussung des Prozesses durch neue Kompensationsmethoden bietet dem Anwender die Möglichkeit den Prozess mit neuen Freiheitsgraden zu gestalten und somit sowohl das Prozessdesign als auch die Präzision maßgeblich zu beeinflussen (s. Bild 2).

Bild 2:
Möglichkeiten zur Prozessbeeinflussung in Abhängigkeit der Prozessfreiheitsgrade

Nach [SCH12, S.139]

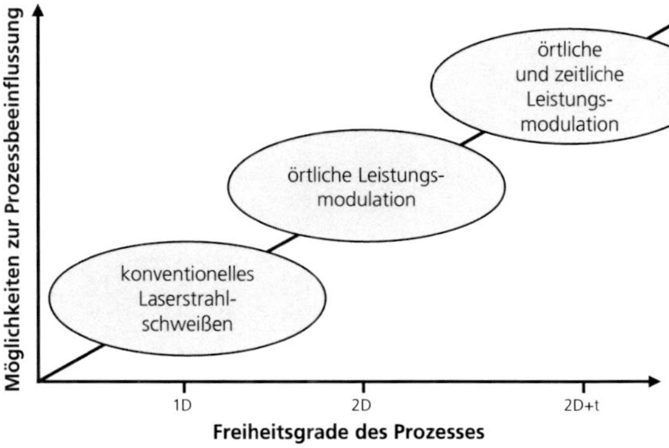

Die wissenschaftliche Fragestellung dieser Arbeit unterteilt sich daher maßgeblich in zwei unterschiedliche methodische Ansätze (s. Bild 3). Zum einen wird mit Hilfe einer geeigneten quantitativen Auswertemethodik betrachtet, ob die Verwendung einer zeitlichen und örtlichen Leistungsmodulation einen Einfluss auf die Präzisionskriterien beim Laserstrahl-Mikroschweißen von elektrisch und thermisch hochleitenden Metallen nimmt. Die dabei zu betrachtenden und quantifizierbaren Größen im Sinne der Präzisionsbeeinflussung sind neben der Schweißnahtgeometrie und der Einschweißtiefenkonstanz auch die Nahtoberflächenrauheit. Der Ansatz verfolgt dabei nicht nur einen getrennten Einsatz der vorgestellten unterschiedlichen Leistungsmodulationen, sondern auch einen kombinierten synchronisierten Ablauf.

Bild 3:
Gliederung der Ziele und wissenschaftlichen Methodik anhand der Größen „Präzision" und „Effizienz"

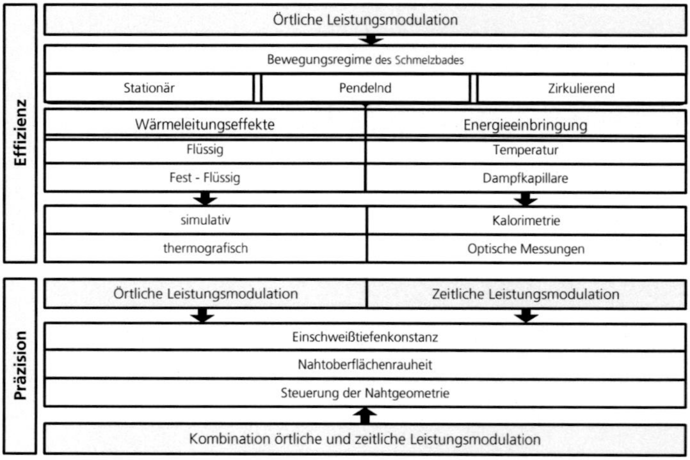

Zum anderen besteht der Ansatz in einer differenzierten Betrachtung der Effizienz - bei zumindest gleichbleibender Qualität und Prozessstabilität - während der örtlichen Leistungsmodulation. Untersuchungen zeigen, dass durch die Verwendung einer örtlichen Leistungsmodulation eine Steigerung der Effizienz in Bezug auf das aufgeschmolzene Volumen stattfindet. Hieraus leitet sich die wissenschaftliche Fragestellung ab, ob diese Effizienzsteigerung sich aufgrund der geänderten Bahngeschwindigkeit oder aufgrund der, durch die resultierende Bahnbewegung entstehenden Wärmeleitungseffekte, ausbildet. Eine Steigerung der Effizienz ist dabei gleichbedeutend mit einer Erhöhung des Temperaturgradienten bzw. der Minimierung der Wärmeeinflusszone. Dabei werden sowohl experimentelle als auch simulative Ansätze zur Vervollständigung des Prozessverständnisses der Schmelzvolumenvergrößerung bei Verwendung einer örtlichen Leistungsmodulation bei gleichzeitiger konstanter Energieeinbringung genutzt.

2 Stand der Forschung und Technik

2.1 Grundlagen des Laserstrahl-Mikroschweißens mit Strahlquellen höchster Brillanz

Das Laserstrahlschweißen bietet aufgrund seiner spezifischen Eigenschaften, wie der hohen Bearbeitungsgeschwindigkeit, dem konzentrierten thermischen Eintrag, der hohen Fertigungspräzision und der guten Automatisierbarkeit gegenüber anderen Fertigungsverfahren deutliche Prozessvorteile. [ERH00, S.8] Beim Laserstrahlschweißen werden hinsichtlich der Energieeinbringung und Ausformung der Nahtgeometrie zwei grundsätzliche Verfahrensweisen unterschieden: Das Wärmeleitungs- und das Tiefschweißen. Letzteres hat aufgrund der besseren Energienutzung, des höheren Prozesswirkungsgrades und den weit höheren Schweißgeschwindigkeiten eine sehr viel größere Bedeutung für die Fertigungstechnik. [HÜG09, S.213]

Beim Wärmeleitungsschweißen von Metallen erfolgt die Energieeinkopplung an der absorbierenden Oberfläche des zu bearbeitenden Werkstoffes. Bestimmend für den absorbierten Anteil der Energie ist hierbei der Absorptionsgrad. Der Energietransport innerhalb der Schmelze erfolgt dabei überwiegend konduktiv, während der konvektive Beitrag im Allgemeinen eine untergeordnete Rolle spielt. Die Energie kann hierbei nur durch Wärmeleitung in die Tiefe des Werkstückes gelangen, was sich in einem linsenförmigen Querschnitt äußert. [HÜG09, S.213–214]; [HES12, S.23]

Beim Wärmeleitungsschweißen kann nur ein kleines Aspektverhältnis ($A_v \approx 1$) erreicht werden. Für höhere Aspektverhältnisse ($A_v \geq 10$) besteht die Notwendigkeit, eine charakteristische Intensitätsschwelle zu überschreiten, bei der der Tiefschweißeffekt auftritt. Dazu wird die Intensität an der Werkstückoberfläche soweit erhöht, dass die Temperatur im Zentrum des fokussierten Strahls die Verdampfungstemperatur überschreitet. Durch den aus dem Rückstoßeffekt resultierenden Ablationsdruck drückt der entstehende und nach oben abströmende Metalldampf die Oberfläche des Schmelzbades ein und bildet eine Dampfkapillare aus. [POP05, S.257–259]

Die charakteristische Intensitätsschwelle wird definiert durch

2.1

$$\frac{P_L}{d_f} = \frac{T_v \cdot k}{A} \cdot \sqrt{\frac{Pe}{4} + 1{,}1}\ .$$

[HÜG09, S.216] P_L: Laserleistung [W]; d_f: Fokusdurchmesser [m]; T_v: Verdampfungstemperatur [K]; k: Wärmeleitfähigkeit [W/m·K]; A: Absoprtionsgrad [-]; Pe: Péclet-Zahl [-]

Die geringe Reflexion und Absorption des Metalldampfes sowie die veränderte Geometrie des Schmelzbades führen zu Mehrfachreflexionen der Laserstrahlung an den Kapillarwänden. [FAB05] Dadurch steigt die insgesamt absorbierte Laserleistung sprunghaft an, wodurch die Temperatur des Schmelzbades und damit auch die Größe der Dampfkapillare weiter erhöht werden. Die Folge ist eine weitere Erhöhung des eingekoppelten Strahlungsanteils. Die Energie wird nicht mehr ausschließlich an der Oberfläche des Werkstücks absorbiert, sondern auch tief in das Material eingebracht. Bei diesem Tiefschweißprozess hängt die Einschweißtiefe maßgeblich von der Eindringtiefe der Dampfkapillare in das Material ab (s. Bild 4).

Bild 4: Schematische Darstellung der Entstehung einer Dampfkapillare während des Tiefschweiß-prozesses

nach [HÜG09, S.214–215]; [HES12, S.23]

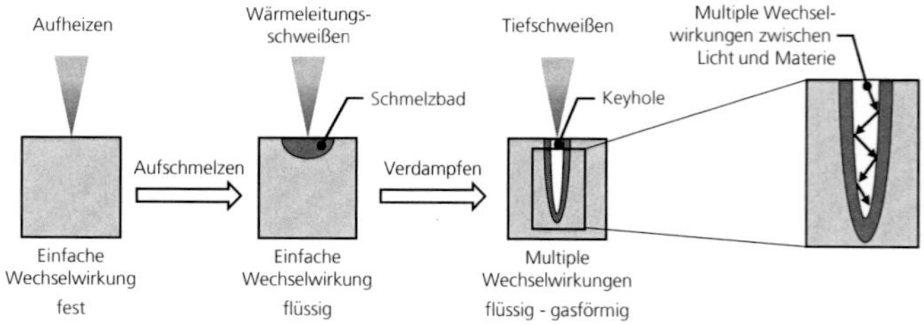

Die Geometrie der Dampfkapillare ist dabei ein wesentliches Merkmal für die Form der Schweißnaht. Zur Stabilisierung der Dampfkapillare muss der vom abströmenden Dampf ausgehende Druck groß genug sein, um dem von außen wirkenden Druck p_a entgegenzuwirken.

2.2

$$p_i = p_D + p_A = p_T + p_K + p_F = p_a$$

[POP05, S.259] p_i: innerer Druck [Pa]; p_D: Dampfdruck [Pa]; p_A: Ablationsdruck [Pa]; p_T: Druck durch die Trägheit der Schmelze [Pa]; p_K: Krümmungsdruck [Pa]; p_F: Flüssigkeitsdruck [Pa]; p_a: äußerer Druck [Pa]

Der innere Druck berücksichtigt dabei den Dampfdruck und den Ablationsdruck. Der äußere Druck setzt sich aus dem Krümmungsdruck, dem Flüssigkeitsdruck und dem Druck durch die Trägheit der Schmelze zusammen [POP05, S.259]. Veränderungen im sensiblen Druckgleichgewicht können zum Auftreten von

Prozessinstabilitäten, wie dem Zusammenbrechen der Dampfkapillare während des Schweißprozesses, führen. In der Folge treten Differenzen in der Einschweißtiefe und Fehler in der Schweißnaht auf. Zu letzteren gehören Poren und Schmelzauswürfe, die durch Überhitzung bzw. durch Instabilitäten der Dampfkapillare auftreten können. [HES12, S.114]

Die Vielzahl an wissenschaftlichen Untersuchungen in Bezug auf das Laserstrahlschweißen bestätigen die Komplexität des Prozesses und dem stetigen Erkenntnisgewinn betreffend der Phänomene Materialeigenschaften, Schmelzbad- und Keyholedynamik, Schweißfehler, Schutzgaszufuhr o.ä. [OTT97]; [VÄN13]; [KLA06, S.1–4]; [LEI09, S.19–20] Auch diese Arbeit wird nur einen Teilbeitrag zum Prozessverständnis des Laserstrahlschweißens leisten können.

Grundsätzlich lässt sich der Laserstrahlschweißprozess bezüglich einer möglichen Relativbewegung zwischen Laserstrahl und Werkstück differenzieren (s. Bild 5). [OLO08]; [SCH12, S.6–8] Das Fügen einzelner Bauteile mit Hilfe eines einzelnen Schweißpunktes unter dem Einsatz meist gepulster Strahlsysteme findet ohne eine örtliche Ablenkung des Laserstrahls auf dem Werkstück statt und wurde bereits in den 1960er Jahren erstmals angewendet. Die Pulszeiten bewegen sich dabei üblicherweise bei $t_p < 100$ ms mit Fokusdurchmessern $d_f > 100$ µm. Eine Variation der Laserleistung während eines Pulses kann dabei zu einer Stabilisierung des Schweißprozesses und zur Reduzierung von Fehlstellen wie Poren, Risse o.ä. führen. [KAP02]; [KAT14, S.182–194]

Beim Simultanschweißen findet der Schweißprozess ebenfalls ohne eine zusätzliche Relativbewegung zwischen Werkstück und Laserstrahl statt. Hierbei wird eine angepasste Lasergeometrie zum Schweißen genutzt. Anstatt das von der Strahlquelle abgegebene Licht zu fokussieren, wird dieses so geformt, dass die Geometrie des Gesamtfokus an die Fügenahtstruktur angepasst ist. Die gesamte Schweißnaht wird als Ganzes bestrahlt und mit einem einzigen Impuls verschweißt. Neben kurzen Prozesszeiten, die für die Großserienfertigung von Interesse sind, ermöglicht das Simultanschweißen eine moderatere Bestrahlung. [SCH02, S.10–14]; [RUS03]; [KOC02]

Durch den Einsatz einer Relativbewegung während des Fügeprozesses bieten sich eine Vielzahl unterschiedlicher Prozessvarianten an. Durch die Kombination eines Pulsschweißprozesses mit einer Vorschubbewegung des Laserstrahls entsteht so eine Pulsnaht. Durch die Relativbewegung kann die Schweißnaht hinsichtlich eines weiteren geometrischen Freiheitsgrades erweitert werden. So entstehen Liniennähte mit einer durch die maximale Vorschubgeschwindigkeit und Pulslänge begrenzten Ausdehnung, während die maximale Pulsenergie dabei die Einschweißtiefe limitiert. [GED10]; [OLO08]

Bild 5:
Differenzierung der unterschiedlichen Verfahrensvarianten beim Laserstrahlschweißen

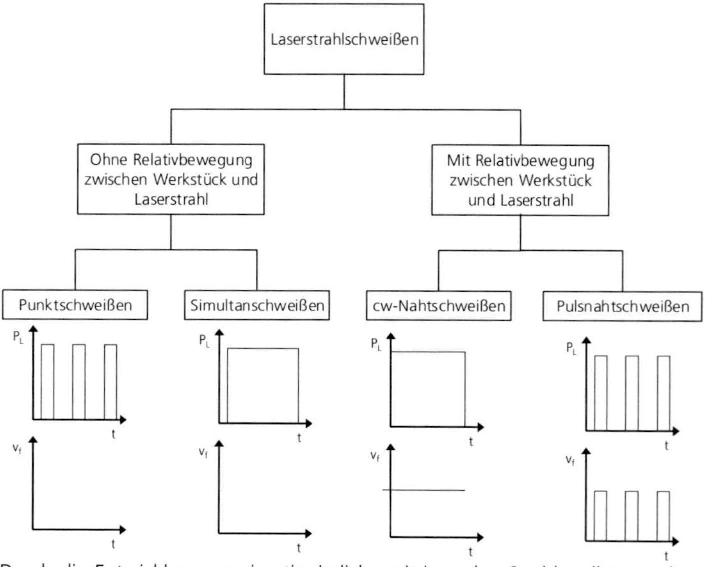

Durch die Entwicklung von kontinuierlich emittierenden Strahlquellen ergeben sich zur Gestaltung der Nahtgeometrie völlig neue Freiheitsgrade. So ist die resultierende Nahtlänge nun bezogen auf die Laserparameter in ihrer zweidimensionalen Gestaltung unbeschränkt. Die zur Verfügung stehenden und in der Industrie eingesetzten kontinuierlichen Festkörperstrahlquellen zeichnen sich durch eine hohe Strahlqualität und einer dahingehend guten Fokussierbarkeit aus. Eine Besonderheit beim Schweißen mit kontinuierlichen Strahlquellen stellt das Mikroringschweißen dar. Durch das mehrfache Abfahren einer Kreisbahn entsteht aufgrund von Wärmeleitung im Inneren der Geometrie ein Wärmestau, der das Schmelzbad in seinen Ausmaßen vergrößert. Dadurch lässt sich die Anbindungsbreite der Fügeverbindung vergrößern, welche zu ähnlichen Aspektverhältnissen wie beim Punktschweißen führt (s. Bild 6). [GED10]; [BRI17, S.2]; [SCH12, S.8]

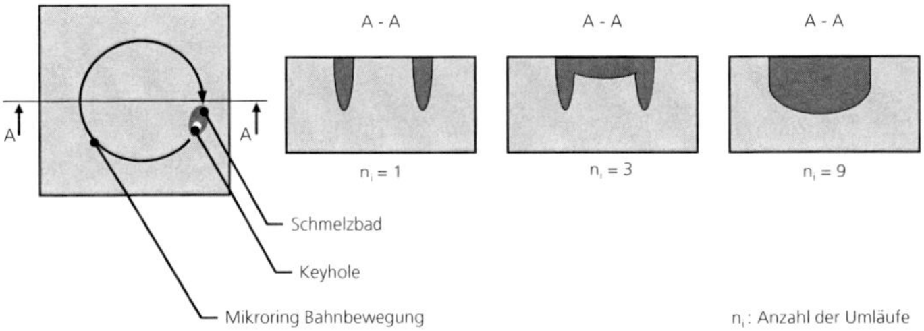

Bild 6: Schematische Darstellung einer Mikroringschweißung in Drauf- und Schnittansicht für unterschiedliche Anzahl an Umläufen

nach [GED11, S.54–57]

Da zu dem Vorteil einer guten Fokussierbarkeit bei Strahlquellen hoher Brillanz auch ein nachteiliger geringer Anbindungsquerschnitt erzeugt wird, kann das Mikroringschweißen durch das Hinzufügen einer linearen Vorschubbewegung eine spiralförmige Bahnbewegung realisieren, welches nachfolgend als örtliche Leistungsmodulation bezeichnet wird (s. Kapitel 2.4.1). Hierbei wird der Vorteil des größeren Anbindungsquerschnittes einer Mikroringschweißung auf eine beliebige kontinuierliche Nahtgeometrie übertragen.

2.2 Energietransfer beim Schweißen mit Laserstrahlung

Beim Schweißen mit Laserstrahlung findet während des Fügeprozesses ein multipler Transfer von Energien statt, welcher die Stabilität und Dynamik des Zusammenspiels aus Schmelzbad und Dampfkapillare entscheidend beeinflusst. Die beim Laserstrahlschweißen zu betrachtenden Transportmechanismen sind auf der einen Seite die Energieeinbringung und auf der anderen Seite die Übertragung der durch die Laserstrahlung entstehenden Wärme. [HÜG09, S.116–120]

Bei Betrachtung des energetischen Gesamtsystems (s. Bild 7) während des Aufschmelzens eines Schmelzbadvolumens wird deutlich, dass nicht die gesamte dem System zugeführte Energie als schlussendliche Prozessenergie zur Verfügung steht. So wird zum einen ein Teil der vom Laserstrahl bereitgestellten Energie direkt an der Bauteiloberfläche reflektiert und mindert damit die in das Bauteil eingebrachte Energie. Zum anderen entsteht aus der über die Grenzfläche des zu bearbeitenden Volumens in das Bauteil fließenden Energie in Form von Wärme ein weiterer Verlust. So hängt nur bei Betrachtung des energetischen Gesamtsystems die nichtmehr nutzbare Energie von der Differenz zwischen der Prozess- und im übrigen Bauteil herrschenden Temperatur, den thermophysikalischen Eigenschaften und der Geometrie ab. [HÜG09, S.116–120]

Bild 7: Schematische Darstellung des Energieflusses beim Laserstrahlschweißen

nach [NEU13]

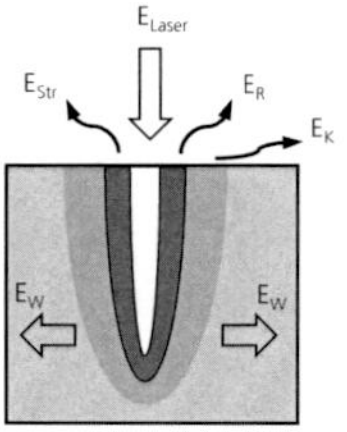

E_{Laser}	Eingebrachte Energie durch den Laser
E_R	Reflektierte Energie
E_K	Konvektive Energie
E_{Str}	Energie durch Wärmestrahlung
E_W	Konduktive Energie

Nach der aus dem energetischen Gesamtsystem entstehenden Energiebilanz ist die eingebrachte Energie durch die Laserstrahlung nach

2.3

$$E_{Laser} = E_P + E_{Str} + E_R + E_K + E_W$$

[HÜG09, S.117–118]

E_{Laser}: Eingebrachte Energie durch Laserstrahlung [J]; E_P: Prozessenergie [J]; E_R: Reflektierte Energie [J]; E_{Str}: Wärmestrahlung [J]; E_K: konvektive Wärmeenergie [J]; E_W: konduktive Wärmeenergie [J]

die Summe aus der reflektierten Strahlungsenergie E_R, der konvektiven E_K und konduktiven Wärmeenergie E_W, der Energie durch emittierte Wärmestrahlung E_{Str} sowie der für das Aufschmelzen des Schmelzbadvolumens benötigte Prozessenergie E_P. Nachfolgend werden die beiden Transportmechanismen Energieeinbringung und Wärmeübertragung im Detail dargestellt. [HÜG09, S.117–118]

2.2.1 Energieeinbringung

Die Messung, beziehungsweise die Modellierung der Energieeinbringung beim Laserstrahltiefschweißen durch die multiple Wechselwirkung des Lichts mit den Kapillarwänden ist vielfach Gegenstand wissenschaftlicher Untersuchungen in Bezug auf experimentellen [MAN14]; [JIN12]; [KAW11] und simulativen [HU15], [JIN12], [KAP12a] Ansätzen. Trifft Licht mit einer Leistung P_L auf ein ebenes Medium, so wird ein Teil der Strahlung an der Oberfläche beim Auftreffen absorbiert (A), transmittiert (T) oder reflektiert (R).

2.4

$$R + T + A = 1$$

[POP11, S.16]

R: Reflexionsgrad [-]; T: Transmissionsgrad [-]; A: Absorptionsgrad [-]

Bei der Betrachtung von Laserstrahlschweißprozessen von Metallen kann die Transmission überwiegend vernachlässigt werden, da die Dicke der zu schweißenden Probe größer ist als die optische Eindringtiefe der Laserstrahlung [MAN14]. Demnach vereinfacht sich die Gleichung 2.4 zu

2.5 $$R + A = 1\,für\,T \approx 0.$$

[POP11, S.16] R: Reflexionsgrad [-]; T: Transmissionsgrad [-]; A: Absorptionsgrad [-]

Der Reflexionsgrad R und der Absorptionsgrad A sind dabei abhängig von den Eigenschaften und Zuständen des Lichts und des Mediums. Beispielsweise ist der Absorptionsgrad von Metallen abhängig von der Wellenlänge der Laserstrahlung und der Temperatur des bestrahlten Mediums. Gemäß der Energieerhaltung folgt

2.6 $$P_L = R \cdot P_L + A \cdot P_L = P_R + P_A \ .$$

[HÜG09, S.116] P_L: Laserleistung [W]; R: Reflexionsgrad [-]; A: Absorptionsgrad [-]; P_R: reflektierte Leistung [W]; P_A: absorbierte Leistung [W]

Der relative Anteil der absorbierten Leistung bei einfacher Wechselwirkung entspricht dabei dem Absorptionsgrad. Trifft die Laserstrahlung mehrfach auf das Werkstück wie bei der Ausbildung einer Dampfkapillare, ist der insgesamt absorbierte Anteil nicht mehr durch den Absorptionsgrad gegeben. Bei mehrfacher Wechselwirkung zwischen Licht und Materie wird daher der Einkoppelgrad η als Maß für die absorbierte Leistung P_A im Verhältnis zur aufgewendeten Laserleistung P definiert.

2.7 $$\eta = \frac{P_A}{P_L}$$

[HÜG09, S.116] η: Einkoppelgrad [-]; P_L: Laserleistung [W]; P_A: absorbierte Leistung [W]

Der Einkoppelgrad ist jedoch immer noch vom Absorptionsgrad abhängig, da auch beim Tiefschweißprozess die multiplen Energieübertragungsmechanismen zwischen Laserstrahlung und Werkstück über singuläre Absorptionsprozesse stattfinden. Das Verhältnis aus reflektierter und absorbierter Energie hängt dabei maßgeblich von der Form der Dampfkapillare und insbesondere vom Winkel der auftreffenden Laserstrahlung auf die Materialoberfläche ab. [HÜG09]

Außerdem ist die Anzahl der einfachen Wechselwirkungen zwischen Laserstrahlung und Materie für die Größe des Einkoppelgrades verantwortlich [FAB05]. Die Anzahl wird durch die Form und Größe der Dampfkapillare bestimmt [ENG11]. Bisherige Untersuchungen zum Einkoppelgrad von Kupferlegierungen beim Schweißen ohne Leistungsmodulation zeigen, dass diese im Bereich zwischen 70-80 % liegen [ENG11]. Über das Bestimmen der Einschweißtiefe e und den Fokusdurchmesser d_f des Laserstrahls kann der Einkoppelgrad zu

2.8

$$\eta = A \cdot \frac{1 + (1 - A) \cdot \frac{d_f}{2 \cdot e} \cdot \left(1 - \frac{d_f}{2 \cdot e}\right)}{A \cdot \left(1 - \frac{d_f}{2 \cdot e}\right) + \frac{d_f}{2 \cdot e}}$$

[BEC96, S.38] η: Einkoppelgrad [-]; A: Absorptionsgrad [-]; d_f: Fokusdurchmessers des Laserstrahls [µm]; e: Einschweißtiefe [µm]

abgeschätzt werden, wenn die Kapillare als kegelförmiger Hohlraum angenommen wird.

Neben der Abhängigkeit von materialspezifischen Parametern, Laserleistung und Vorschubgeschwindigkeit, die zu einer Veränderung der Form der Dampfkapillare und somit der Energieeinkopplung führen, dringt auch nicht die gesamte Laserstrahlung in die Dampfkapillare ein. [FAB10] zeigt, dass bis zu 10 % der Laserstrahlung bei einer Vorschubgeschwindigkeit von 133 mm/s vor der Dampfkapillare auftreffen, da zunächst das zu bearbeitende Material erwärmt und aufgeschmolzen, bzw. verdampft werden muss.

Der Absorptions- und damit auch der Einkoppelgrad sind insbesondere von der Temperatur abhängig. Die Prozesstemperatur wiederum ist von der Wärmemenge abhängig, die aus der Wechselwirkungszone abtransportiert wird. [ENG11]

Zur Messung der eingebrachten Energie sind in der Literatur zwei unterschiedliche Ansätze bekannt. [HER17, S.163–165]; [KAW11] Zum einen kann die Messung mit Hilfe des kalorimetrischen Ansatzes bestimmt werden. Dazu wird die beim Schweißen ins Werkstück eingebrachte Wärmemenge über eine Messung der Temperatur bestimmt. Die während des Schweißprozesses eingebrachte Energie führt zu einer Temperaturerhöhung in der Schweißzone. Über Konvektion in der Schmelze und Wärmeleitung im Werkstück findet dann ein Abtransport der Wärme ins Werkstück statt. Gleichzeitig wird über Konvektion, Wärmestrahlung und Wärmeleitung Wärme an die Umgebung abgegeben.

Sobald innerhalb des Werkstückes eine nahezu homogene Temperatur erreicht wird, kann das Abkühlverhalten mit einer exponentiellen Abnahme beschrieben werden. Anschließend kann durch eine Extrapolation der Abkühlkurve die theoretische homogene Temperatur T_{theo} des Werkstücks und daraus die theoretische Temperaturdifferenz ΔT zwischen T_{theo} und der Raumtemperatur T_u, bei der Energieeinbringung, bestimmt werden. [ENG11]; [RAM05, S.29–33]

Mit Hilfe von

2.9
$$\eta = \frac{\Delta E}{P_L \cdot t} = \frac{\sum m \cdot c_p \cdot (T_{theo} - T_u)}{P_L \cdot t}$$

[KAW11] η: Einkoppelgrad [-];T_{theo}: theoretische homogene Temperatur [K]; T_u: Umgebungstemperatur [K]; m: Masse [kg]; P_L: Laserleistung [W]; t: Zeit [s]; c_p: Wärmekapazität [J/(kg·K)]; ΔE: Energieänderung [J]

lässt sich somit der Einkoppelgrad durch Messung der Temperatur bestimmen.

In [KAW11] und [KAW12] werden der Einkoppelgrad eines Laserstrahlschweißprozesses mit einer kalorimetrischen Messung anhand der Temperaturerhöhung eines Fluides, welches die zu schweißende Probe umströmt, bestimmt. Der Einkoppelgrad ergibt sich dabei aus

2.10
$$\eta = \frac{\dot{m} \cdot c_p \cdot \int T\, dt}{P_L \cdot t}$$

[KAW11] η_A: Einkoppelgrad [-]; T: Temperatur [K]; $\dot{m}$: Massenstrom [kg/s]; P_L: Laserleistung [W]; t: Zeit [s]; c_p: Wärmekapazität [J/(kg·K)]

Die bei der Messung verwendeten Materialien sind 1.4301 und A5052 mit einer Bauteildicke von jeweils 20 mm. Die benutzte Strahlquelle ist ein Faserlaser mit 10 kW maximaler Leistung und einem resultierenden Fokusdurchmesser von 200 µm. Bei einer Vorschubgeschwindigkeit von 17 mm/s stellen sich die größten Einkoppelgrade mit 93 % (A5052) und 88 % (1.4301) ein. Diese reduzieren sich bei einer Erhöhung der Vorschubgeschwindigkeit auf 300 mm/s kontinuierlich um ca. 20 %. [KAW11]; [KAW12]

Der zweite Ansatz beschreibt die Messung der durch den Laserstrahl eingebrachten Energie durch die Betrachtung der reflektierten Strahlung und Verwendung der Gl. 2.5 für Metalle, sodass gilt

2.11
$$A = 1 - R.$$

[POP11, S.16] R: Reflexionsgrad [-]; A: Absorptionsgrad [-]

Dabei kommen Hohlkugeln (Ulbricht-Kugeln) zum Einsatz, welche an der inneren Oberfläche mit einem näherungsweise für die zu betrachtende Wellenlänge ideal diffus reflektierenden Material beschichtet sind. Dabei kann die Ulbricht-Kugel eine oder mehrere Lichtaustrittsöffnungen besitzen, deren Durchmesser kleiner als der Gesamtdurchmesser der eigentlichen Kugel ist. Infolge diffuser Mehrfachreflexionen an den Innenwänden der Hohlkugel bildet sich im idealen Fall eine homogene Strahlungsintensität I_h auf der gesamten Kugelinnenfläche aus. Ein Detektor innerhalb der Kugel misst die Strahlungsleistung auf der

Innenwand der Ulbrichtkugel, welche proportional zu der einfallenden Laserleistung ist. [WIL98, S.59–60]; [HER17, S.162–164]

2.12 $$U_D \propto I_h \propto P_R = 1 - \eta \cdot P_L$$

[WIL98, S.60] U_D: Spannung des Detektors [U]; I_h: Strahlungsintensität [W/sr]; P_R: Reflektierte Laserleistung [W]; η: Einkoppelgrad [-]; P_L: Laserleistung [W]

[MAN14] betrachtet die einfache Absorptionsmessung durch Verwendung einer Ulbricht-Kugel bei einer Temperaturerhöhung bis 500 °C und die darauffolgende Abkühlung von reinem Kupfer. Eine deutliche Steigerung der Absorption tritt bei einer Temperatur von ca. 250 °C aufgrund der Entstehung von Oxidschichten auf. Diese Steigerung setzt sich bis zur maximal gemessenen Temperatur von 500 °C fort, bei der eine Steigerung des Absorptionsgrades um den Faktor 3 beobachtet werden kann. Durch die Abkühlung der Probe auf Raumtemperatur verringert sich der Absorptionsgrad, sodass am Ende ein um den Faktor 2,5 höherer Absorptionsgrad gemessen wurde.

[FAB05] untersucht das Keyhole-Verhalten und die damit verbundene Absorption bei Durchschweißversuchen von unlegierten Stahlblechen (d = 1 mm) unter Verwendung eines Nd:YAG-Laser mit einer maximalen Laserleistung von 4 kW und einem resultierenden Fokusdurchmesser von 600 µm. Die Ulbrichtkugel ist dabei auf der Unterseite des Bleches positioniert, um die aus dem Keyhole austretende Strahlungsintensität zu messen und somit Rückschlüsse auf die Absorption an der vorderen Keyholewand zu ziehen. Die Experimente zeigen, dass abhängig von der Vorschubgeschwindigkeit Einkoppelgrade von 60 – 80 % erreicht werden können.

[KAP12b] beobachtet bei Hochgeschwindigkeitsaufnahmen des Schmelzbades an der Oberfläche mit Bildraten von bis zu 180 000 f/s Wellen, welche sich an der Keyholefront nach unten bewegen [ERI10]. Diese Wellen und die dadurch entstehende Mikrorauheit beeinflusst die Absorption und damit den Einkoppelgrad bereits bei maximalen Rautiefen Rmax in der Größenordnung 5 – 7 µm.

Neben den experimentellen Ansätzen beschreibt [HU15] den Absorptionsgrad beim Tiefschweißen mit Berücksichtigung der Dynamik des Keyholes und des Schmelzbades mittels Ray-Tracing. Die Absorption der Laserstrahlung steigt dabei kontinuierlich mit der Tiefe des Keyholes und der damit verbundenen Einschweißtiefe.

2.2.2 Energietransport im Bauteil

Neben der Energieeinbringung der Laserstrahlung treten innerhalb des Schweißprozesses grundsätzlich zwei Arten von physikalischen Phänomenen auf:

Phasenübergänge (Aufschmelzen, Verdampfen, Kondensieren, Erstarren) und Transportmechanismen von Masse, Impuls und Energie. [MIC04, S.24]

Die beim Laserstrahlschweißen zu erwartenden Wärmeübertragungsregime für ein adiabates System lassen sich wie folgt aufteilen:

- Transport von Wärme- und Impulsenergie an der Kapillarwand
- Transport von Wärme- und Impulsenergie sowie Masse innerhalb des Schmelzbades
- Transport von Wärme an den Phasengrenzen vom schmelzflüssigen zum festen Material
- Transport von Wärme im Festkörper

Während der Energieeinbringung induziert die absorbierte Laserstrahlung einen Wärmestrom an der Absorptionsfront. Die eingekoppelte Energie wird durch die Schmelze in das solide Material geführt. Dabei breitet sich die Wärme im festen Aggregatzustand diffusiv über die Wärmeleitung aus, während in der Schmelze der Transport zusätzlich konvektiv erfolgt. Das Werkstück kann in erster Näherung als thermisch isoliert betrachtet werden, da der Energietransport durch Strahlung und durch Wärmeübergang in die Umgebungsluft im Vergleich zur eingebrachten Energie des Laserstrahls vernachlässigt werden kann. [MIC04, S.24]

Der konvektive Wärmetransport wird durch die Strömung der Schmelze bewirkt, welche Masse, Impuls und Energie transportiert. Die Strömung wird aus den Kräften der Gasphase der Dampfkapillare wie Kapillarumströmung, Metalldampfströmung und Marangoni-Strömung angetrieben (s. Bild 8). Der konvektive und konduktive Wärmetransport ist dabei abhängig von Materialparametern, wie z.B. Wärmeleitfähigkeit, Viskosität oder Dichte. [HES12, S.32–35]; [MIC04, S.24–25]

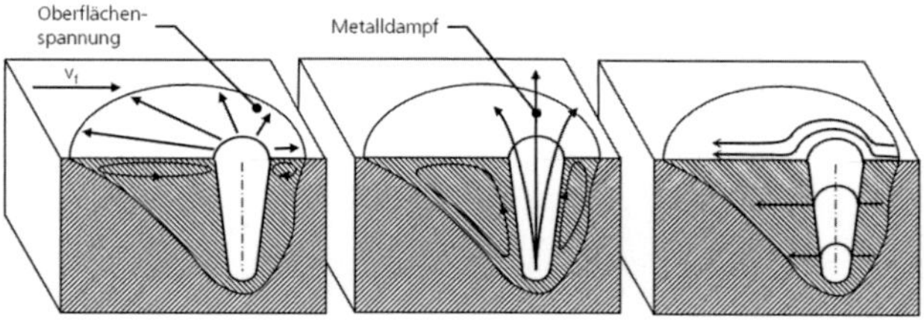

Bild 8: Schematische Darstellung auftretenden Strömungen beim Laserstrahl-tiefschweißen

Marangoniströmung (links), Metalldampf-strömung (mitte), Kapillarumströmung (rechts),

nach [BEC96, S.62–69]

Die Kapillarumströmung, die durch die Verdrängung des aufgeschmolzenen Materials durch die Kapillare hervorgerufen wird, leitet, in Anbetracht einer Relativbewegung zwischen Dampfkapillare und Werkstück, das aufgeschmolzene Material um die Dampfkapillare herum. Die Strömung wird dabei am Rand der Grenzschicht zur Dampfkapillare als reibungsfrei und am Rand des Schmelzbades zum Grundmaterial als reibungsbehaftet angenommen. Des Weiteren entsteht durch den aus der Dampfkapillare entweichenden Metalldampf im Bereich der Kapillarwandung eine Impulsübertragung auf die umgebende Schmelze. Dadurch wirkt eine beschleunigende Kraft auf die Schmelze in Richtung der Kapillaröffnung. An den Grenzen des Schmelzbades findet hingegen eine Umlenkung statt, sodass sich eine zirkulierende Schmelzströmung ausbildet. Weiterhin entsteht durch den Grenzschichteffekt zwischen zwei Fluiden eine oberflächennahe Strömung. Bei reinen Metallschmelzen ist, bis auf wenige Ausnahmen, die Oberflächenspannung bei höheren Temperaturen geringer als bei niedrigen, sodass die Schmelze vom heißen Bereich in der Nähe der Kapillaröffnung hin zu den kühleren Randbereichen des Schmelzbades beschleunigt wird. [HÜG09, S.230–242]; [HES12, S.32–35]

Die zwei frei beweglichen Phasengrenzen stellen bei dem dynamischen Tiefschweißprozess eine wesentliche Eigenschaft dar. Die Bewegung der beiden Phasengrenzen an der Schmelzfront (fest/flüssig) und an der Kapillarwand (flüssig/gasförmig) wird durch die jeweilige Phasenumwandlung (Aufschmelzen, Verdampfen, Kondensieren und Erstarren) beschrieben. Bei schmelzebasierten Prozessen können die beschriebenen Phasentransformationen in beide Richtungen stattfinden, sodass die Phasenumwandlung entweder Energie verbraucht oder freigibt. [DOW17, S.89–91]; [MIC04, S.25]

2.3 Laserstrahl-Mikroschweißen von thermisch und elektrisch hochleitenden Metallen

Zur Kontaktierung in der Batterietechnik und Leistungselektronik werden aufgrund ihrer Materialeigenschaften neben Aluminium- besonders Kupferbasislegierungen verwendet. Die Kombination aus hoher thermischer und elektrischer Leitfähigkeit macht Kupfer zu einem hervorragenden Fügepartner bei Anwendungen, die zum einen eine hohe Stromtragfähigkeit und zum anderen zur Wärmeabfuhr eine hohe thermische Leitfähigkeit erfordern. [MEH14b]; [HEI17]; [GED10] Neben den Materialien Kupfer und Aluminium wird aufgrund der einfacheren Fügetechnik und Verarbeitung bei Anwendungen mit geringen elektrischen Strömen auf ein elektrolytisch vernickeltes Stahlband zurückgegriffen, welches gut zum Punktschweißen und Löten geeignet ist. Tab. 1 vergleicht die Materialeigenschaften von Aluminium und Kupfer mit denen von Stahl.

Tab. 1: Vergleich der Materialeigenschaften von Aluminium (Al99,5), Kupfer (Cu-ETP) und Stahl (X5CrNi18-10) für T = 20 °C

[DEU15]; [DKI05a]; [SAP16]

Materialeigenschaften	**Symbol**	**Al99,5**	**Cu-ETP**	**X5CrNi18-10**
Wärmeleitfähigkeit [W/m*K]	k	229	394	15
Wärmeausdehnungskoeffizient [10^{-6} K^{-1}]	α_t	23,5	16,8	16
Absorptionsgrad (λ = 1060 nm) [%]	A	≈ 8	≈ 5	≈ 37
spezifischer elektrischer Widerstand [(Ω*mm^2)/m]	X	0,028	0,023	0,73

Der Vergleich zeigt, dass reines Kupfer sowohl die höchste Wärmeleitfähigkeit als auch den niedrigsten elektrischen Widerstand besitzt. Als elektrischer Leiter wird Kupfer bei den Metallen lediglich durch Silber übertroffen, welches aufgrund der hohen Materialkosten in der Industrie jedoch nur selten Anwendung findet. In Tab. 2 sind beispielhaft Kupferbasislegierungen mit unterschiedlichen Wärmeleitfähigkeiten und elektrischen Widerständen gegenübergestellt, auf welche im weiteren Verlauf eingegangen wird.

Tab. 2:
Vergleich der Materialeigenschaften von den Kupferbasislegierungen Cu-ETP, CuFe2P und CuSn6 für T = 20 °C

[DKI05a]; [DKI05c]; [DKI05b]

Materialeigenschaften	**Symbol**	**Cu-ETP**	**CuFe2P**	**CuSn6**
Wärmeleitfähigkeit [W/m·K]	k	394	262	75
Liquidustemperatur [° C]	T_l	1083	1089	1050
Solidustemperatur [° C]	T_s	1083	1084	900
Absorptionsgrad (λ = 1060 nm) [%]	A	≈ 5	≈ 7,5	≈ 10
spezifischer elektrischer Widerstand [(Ω*mm²)/m]	X	0,023	0,027	0,111
Spezifische Wärmekapazität [J/(kg·K)]	c_p	386	380	377

Die Materialeigenschaften der Kupferbasislegierungen sind insbesondere für den Absorptionsgrad, der Wärmespeicherkapazität und der Wärmeleitfähigkeit temperaturabhängig. [HEI18, S.29–33]; [ENG11] Da beim schmelzebasierten Fügen und besonders beim Tiefschweißen des Laserstrahlschweißens durch das Aufschmelzen von fester Materie hin zur Verdampfung eine große Differenz zwischen minimaler und maximaler Prozesstemperatur auftritt, wird im Folgenden auf die temperaturabhängigen Materialeigenschaften eingegangen.

Die spezifische Wärmekapazität besitzt bei den in Tab. 2 aufgeführten Kupferbasislegierungen in einem untersuchten Temperaturbereich bis T = 300°C eine leicht steigende Tendenz. So finden sich in [DKI05b]; [DKI05a] für die maximal betrachtete Temperatur (T = 300°C) eine spezifische Wärmekapazität von c_p = 410 J/(kg·K) für Cu-ETP und CuFe2P. In [WHI84] sind verschiedene Quellen und deren Ergebnisse zur Bestimmung der temperaturabhängigen Wärmekapazität von Cu-ETP verglichen (s. Bild 9) . Bei einer maximal betrachteten Temperatur von T ≈ 1000°C ergibt sich eine spezifische Wärmekapazität von c_p = 506 J/(kg·K). Daraus folgt, dass Kupfer bei zunehmender Temperatur alleine aufgrund der Änderung der spezifischen Wärmekapazität mehr Energie benötigt um die gleiche Masse eines Stoffes um 1 K zu erwärmen.

Bild 9:
Spezifische Wärmekapazität von reinem Kupfer in Abhängigkeit der Temperatur

[WHI84]

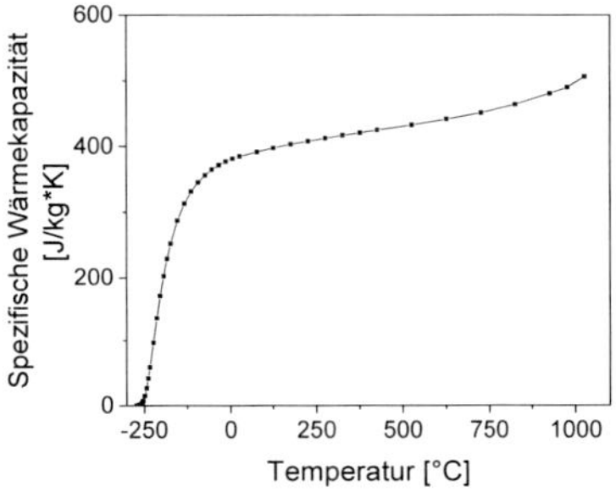

Die temperaturabhängigen Eigenschaften Absorption sowie die elektrische und thermische Leitfähigkeit von Metallen zeigen ähnliche Ursachen in ihrer physikalischen Entstehung. Das Drude-Modell erklärt diese Abhängigkeit mit der Zunahme der Elektronengitterkollisionen, welche durch die mittlere Stoßzeit τ zwischen zwei Kollisionen beschrieben wird (s. Gl. 2.13). [DOW17, S.348–350]

2.13

$$\sigma(T) = \frac{e_l^2 \cdot \tau \cdot n_l}{m}$$

[DOW17, S.349] σ: elektrische Leitfähigkeit [S/m]; e_l: Elementarladung [C]; τ: mittlere Stoßzeit [s]; n_l: Ladungsträgerdichte [C/m³]; m: Masse [kg]; T: Temperatur [K]

Die Temperaturabhängigkeit der elektrischen Leitfähigkeit kann wie folgt mittels des Wiedemann-Franzschen Gesetzes beschrieben werden.

2.14

$$\frac{\sigma(T)}{k(T)} = \frac{1}{L \cdot T}$$

[POP11, S.36] σ: elektrische Leitfähigkeit [S/m]; k: Wärmeleitfähigkeit [W/(m·K)]; L: Lorenz-Zahl [V^2/K^2]; T: Temperatur [K]

Aus Gl. 2.13 und 2.14 folgt dann die temperaturabhängige mittlere Stoßzeit.

2.15

$$\tau = \frac{m_e}{n_l \cdot e_l^2} \cdot \frac{k(T)}{L \cdot T}$$

nach [POP11, S.36] τ: mittlere Stoßzeit [s]; k: Wärmeleitfähigkeit [W/(m·K)]; L: Lorenz-Zahl [V^2/K^2]; T: Temperatur [K]; e_l: Elementarladung [C]; n_l: Ladungsträgerdichte [1/m³]; m_e: Elektronenmasse [kg]

Neben der spezifischen elektrischen und thermischen Leitfähigkeit ist auch der Absorptionsgrad in großem Maße von der Temperatur des Materials abhängig.

Bild 10 zeigt die charakteristischen Materialeigenschaften Wärmeleitfähigkeit und Absorptionsgrad in Abhängigkeit der Temperatur sowie den wellenlängenabhängigen Absorptionsgrad von unlegiertem Kupfer.

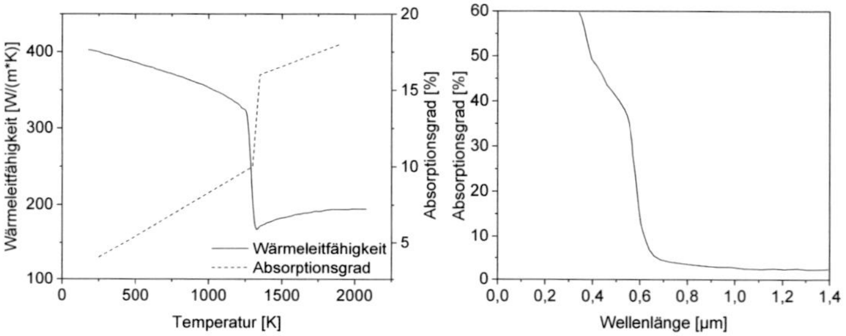

Bild 10: Charakteristische Materialeigenschaften von Kupfer beim Laserstrahlschweißen

Links: Wärmeleitfähigkeit und Absorptionsgrad von Kupfer in Abhängigkeit der Temperatur [BLO03]
Rechts: Absorptionsgrad von Kupfer in Abhängigkeit der Wellenlänge [ENG11]

Beim Schweißen wird ein örtlich begrenzter Bereich des Werkstoffes in flüssigen Zustand versetzt. Der damit verbundene prozessbedingte Wechsel des Aggregatzustandes ändert die charakteristischen Eigenschaften von Kupfer nochmals erheblich, was in der Folge zu Prozessinstabilitäten führt. Der Übergang von fest zu flüssig führt zu einem sprunghaften Anstieg des Absorptionsgrades, während die Wärmeleitfähigkeit rapide abnimmt. Dies induziert einen erhöhten Temperaturanstieg, sobald eine Wechselwirkung zwischen Laserstrahl und flüssiger Materie auftritt.

Für eine realitätsnahe Betrachtung der Energieeinbringung muss der Absorptionsgrad mit seiner Temperatur- und Winkelabhängigkeit als zentrale Größe betrachtet werden. Theoretische Werte für den Absorptionsgrad in Abhängigkeit zum Einfallswinkel α liefern die Fresnel'schen Gleichungen. In ihrer ursprünglichen Form beschreiben sie die Reflexion und Transmission einer ebenen harmonischen Welle beim Einfall auf eine unendlich ausgedehnte ideale ebene Fläche. So ergibt sich für eine senkrecht polarisierte Welle die Reflexion R_s mit

2.16

$$R_s = \frac{n_1 \cdot \cos(\alpha) - \frac{\mu_1}{\mu_2} \cdot \sqrt{n_2^2 - n_1^2 \cdot sin^2(\alpha)}}{n_1 \cdot \cos(\alpha) + \frac{\mu_1}{\mu_2} \cdot \sqrt{n_2^2 - n_1^2 \cdot sin^2(\alpha)}}$$

[POP11, S.7]

R_s: Reflexionsgrad einer senkrecht polarisierten Welle [-]; n: Brechungsindex [-]; µ: magnetische Permeabilität [H/m]; α: Einfallswinkel [°]

und für eine parallel polarisierte Welle mit

2.17

$$R_p = \frac{\frac{\mu_1}{\mu_2} \cdot n_2^2 \cdot \cos(\alpha) - n_1 \cdot \sqrt{n_2^2 - n_1^2 \cdot sin^2(\alpha)}}{\frac{\mu_1}{\mu_2} \cdot n_2^2 \cdot \cos(\alpha) + n_1 \cdot \sqrt{n_2^2 - n_1^2 \cdot sin^2(\alpha)}}.$$

[POP11, S.7] R_p: Reflexionsgrad einer parallel polarisierten Welle [-]; n: Brechungsindizes [-]; μ: magnetische Permeabilität [H/m]; α: Einfallswinkel [°]

Für nicht magnetische Materialien wie z.B. Kupfer und Aluminium mit einer magnetischen Permeabilität μ ≈1 H/m können die Gleichungen 2.16 und 2.17 vereinfacht werden zu

2.18

$$R_s = \frac{n_1 \cdot \cos(\alpha) - \sqrt{n_2^2 - n_1^2 \cdot sin^2(\alpha)}}{n_1 \cdot \cos(\alpha) + \sqrt{n_2^2 - n_1^2 \cdot sin^2(\alpha)}}$$

$$R_p = \frac{n_2^2 \cdot \cos(\alpha) - n_1 \cdot \sqrt{n_2^2 - n_1^2 \cdot sin^2(\alpha)}}{n_2^2 \cdot \cos(\alpha) + n_1 \cdot \sqrt{n_2^2 - n_1^2 \cdot sin^2(\alpha)}}$$

[POP11, S.7] R_p: Reflexionsgrad einer parallel polarisierten Welle [-]; R_s: Reflexionsgrad einer senkrecht polarisierten Welle [-]; n: Brechungsindizes [-]; α: Einfallswinkel [°]

In Bild 11 sind die Reflexionsgrade in Abhängigkeit des Einfallwinkels für die Materialien Kupfer und Aluminium dargestellt.

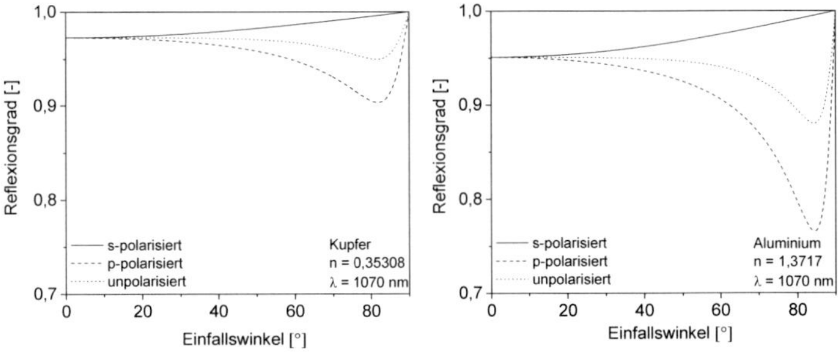

Bild 11: Reflexionsgrade in Abhängigkeit des Einfallswinkels

Links: Kupfer [JOH72]
Rechts: Aluminium [RAK95]

Zu erkennen ist, dass Aluminium im Gegensatz zu Kupfer eine ausgeprägte Einfallswinkelabhängigkeit der Reflektion aufweist für Winkel α > 80°. Für kleine Winkel α < 45° bleiben die Reflexionsgrade für unpolarisierte Strahlung, wie sie häufig bei industriell eingesetzten Strahlquellen auftritt, annähernd konstant.

2.4 Leistungsmodulation beim Laserstrahlschweißen

Beim Laserstrahlschweißen wird grundsätzlich zwischen örtlicher und zeitlicher Leistungsmodulation zur weiteren Beeinflussung des schmelzdynamischen Prozesses unterschieden. Während die zeitliche Leistungsmodulation die Leistungsabgabe der Strahlquelle betrachtet, ohne die Vorschubbewegung mit einzubeziehen, wird die örtliche Leistungsmodulation als einer der Vorschubrichtung überlagerte Relativbewegung verstanden. Im Folgenden werden die beiden in dieser Arbeit untersuchten Modulationsformen beim Laserstrahlschweißen betrachtet.

2.4.1 Örtliche Leistungsmodulation beim Laserstrahlschweißen

Kleinere Fokusdurchmesser werden bei Tiefschweißungen im Allgemeinen als vorteilhaft angesehen, da bereits bei vergleichsweiser kleiner Laserleistung die Intensitätsschwelle zum Tiefschweißen erreicht werden kann. Nachteilig hierbei ist der durch den kleineren Fokusdurchmesser entstehende geringere Anbindungsquerschnitt. Mit entsprechenden Strahlführungssystemen kann eine örtliche Leistungsmodulation realisiert werden, um diesen Nachteil auszugleichen. Dabei wird die lineare Vorschubbewegung mit einer zweiten unabhängigen Oszillationsbewegung überlagert. Für konventionell schwierig zu schweißende Materialien oder Materialkombinationen steht dieses Verfahrensprinzip seit längerem im Fokus wissenschaftlicher Untersuchungen. [KRA11], [MEI06], [SCH13], [GED07]

Dabei lassen sich die Oszillationsbewegungen grundsätzlich in zwei Arten unterscheiden: Harmonische und nicht harmonische Oszillationsbewegungen. Beispiele für nicht harmonische Oszillationsbewegungen liegen bei sägezahn-, rechteck- oder dreieckförmigen Geometrien vor. [SCH12, S.31]; [MAH07]

Harmonische Oszillationsbewegungen wiederum lassen sich durch Sinus- oder Cosinusfunktionen beschreiben (Gl. 2.19).

2.19
$$A_{s,x}(t) = A_{s,x} \cdot \sin(2\pi \cdot f_{s,x} \cdot t + \varphi_x)$$
$$A_{s,y}(t) = A_{s,y} \cdot \sin(2\pi \cdot f_{s,y} \cdot t + \varphi_y)$$

[SCH12, S.31] $A_{s,x}/A_{s,y}$: Oszillationsamplitude in x- bzw. y-Richtung [mm]; $f_{s,x}/f_{s,y}$: Oszillationsfrequenz in x- bzw. y-Richtung [Hz]; t: Zeit [s]; φ_x/φ_y: Phasenverschiebung der Oszillation in x- bzw. y-Richtung [-]

Die Parameter Oszillationsamplitude, Oszillationsfrequenz und Phasendifferenz bestimmen dabei die Geometrie der resultierenden Bewegung. So führt ein rationales Verhältnis der Oszillationsfrequenzen zu periodischen Lissajous-Figuren, während die Oszillationsamplituden die Skalierung der Figur in x- und y-

Richtung beschreiben und die Phasendifferenz die Laufrichtung und die Geometrie bestimmt. So sind neben den asymmetrischen Bewegungsformen der Linie und des Kreises auch beispielsweise achtförmige Oszillationsgeometrien darstellbar, welche aufgrund ihrer Form einen auf die Nahtbreite bezogenen symmetrischen Energieeintrag erzielen können. [THI12]; [MAH07]

Beim Laserstrahl-Mikroschweißen hat sich dabei die Verwendung einer kreisförmigen Oszillation durchgesetzt. Experimente zeigen, dass gegenüber konventionellen und anderen Oszillationsstrategien die Schmelzbadauswürfe reduziert werden. [SCH16]; [SCH13]; [FRA17, S.20–21] Deshalb wird im Weiteren ausschließlich die Verwendung einer überlagerten kreisförmigen Oszillation betrachtet. Die Trajektorie (s. Bild 12) wird mit der Einführung der zusätzlichen Parameter Oszillationsamplitude A_s und Oszillationsfrequenz f_s beschrieben gemäß

2.20

$$\begin{pmatrix} x(t) \\ y(t) \end{pmatrix} = \begin{pmatrix} v_f \cdot t + A_s \cdot \cos(2\pi \cdot f_s \cdot (t - t_s)) \\ -A_s \cdot \sin(2\pi \cdot f_s \cdot (t - t_s)) \end{pmatrix}$$

[SCH12, S.33] x: Raumkoordinate in Vorschubrichtung [mm]; y: Raumkoordinate transversal zur Vorschubrichtung [mm]; v_f: Vorschubgeschwindigkeit [mm/s]; A_s: Oszillationsamplitude der örtlichen Leistungsmodulation [mm]; f_s: Oszillationsfrequenz der örtlichen Leistungsmodulation [1/s]; t: Zeit [s]; t_s: Phasenverschiebung [s]

Diese beiden zusätzlichen Parameter ergeben mit der Vorschubgeschwindigkeit den Überlappgrad U. Diese Kenngröße gibt den Abstand zweier aufeinanderfolgender Oszillationen in Relation zur Ausprägung in Vorschubrichtung an (s. Bild 12) und kann in der Form

2.21

$$U = \frac{x_{max,1} - x_{min,2}}{x_{max,1} - x_{min,1}} = \frac{\sqrt{4A_s{}^2 - \left(\frac{v_f}{\pi \cdot f_s}\right)^2} - \frac{v_f}{2 \cdot \pi \cdot f_s} \cdot \left(3\pi + 2 \cdot arcsin\left(-\frac{v_f}{2\pi \cdot f_s \cdot A_s}\right)\right)}{\sqrt{4A_s{}^2 - \left(\frac{v_f}{\pi \cdot f_s}\right)^2} - \frac{v_f}{2 \cdot \pi \cdot f_s} \cdot \left(\pi + 2 \cdot arcsin\left(-\frac{v_f}{2\pi \cdot f_s \cdot A_s}\right)\right)}$$

[SCH12, S.37] U: Überlappgrad [-]; $x_{max,1}$: Maximum der ersten Oszillation in x- Richtung [mm]; $x_{min,1}$: Minimum der ersten Oszillation in x- Richtung [mm]; $x_{min,2}$: Minimum der zweiten Oszillation in x- Richtung [mm]; A_s: Amplitude der örtlichen Leistungsmodulation [mm]; f_s: Frequenz der örtlichen Leistungsmodulation [Hz]; v_f: lineare Vorschubgeschwindigkeit [mm/s]

dargestellt werden. Die überlagerte Oszillationsbewegung erweitert den Gestaltungsrahmen beim Ausbilden der Schweißnaht erheblich. Beim konventionellen Laserstrahlschweißen ist die Gestaltungsfreiheit der Naht gering und kann lediglich durch die Parameter Vorschubgeschwindigkeit, Leistung und Strahldurchmesser beeinflusst werden. Durch die örtlich variable Energieeinbringung können nun bestimmte Eigenschaften wie Geometrie, Funktion oder Nahtqualität anwendungsspezifisch adressiert werden. [SCH12, S.2–3]

Bild 12:
Linearer Vorschub mit überlagerter kreisförmiger Oszillation

$A_s = 0{,}1$ mm
$f_s = 1000$ Hz
$v_f = 100$ mm/s

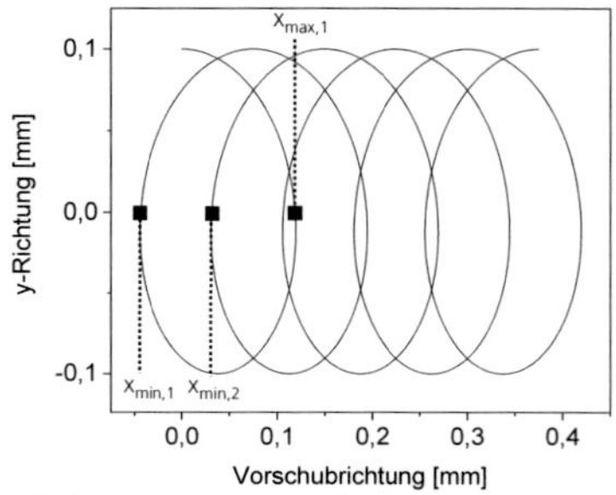

Die Anfänge der örtlichen Leistungsmodulation lassen sich auf das Elektronenstrahlschweißen zurückführen. Hierbei hat die örtliche Leistungsmodulation bereits zu einer Erhöhung der Schweißgeschwindigkeit mit gleichzeitiger Abnahme von Fehlstellen in der Naht geführt. So bietet die örtliche Leistungsmodulation neben der Möglichkeit zur Vergrößerung des Anbindungsquerschnittes durch eine schnelle Strahlablenkung ebenfalls eine Erhöhung der Prozessstabilität. [MEI06]; [THI12]

Die örtliche Leistungsmodulation beim Strahlschweißen ist nach heutiger Kenntnis Stand der Technik und im Fokus einer Vielzahl an wissenschaftlichen Untersuchungen. Tab. 3 zeigt eine Auflistung wissenschaftlicher Arbeiten zu dem Thema Laserstrahlschweißen mit örtlicher Leistungsmodulation. Dabei ist neben dem eigentlichen Gegenstand und dem Resultat der Untersuchung auch das Material sowie die verwendete maximale Laserleistung, die Vorschubgeschwindigkeit sowie der verwendete Fokusdurchmesser aufgeführt.

Für das Laserstrahl-Mikroschweißen mit Laserleistungen $P_L < 1$ kW und Fokusdurchmesser $d_f < 50$ µm fehlen in der Literatur nach dem heutigen Stand grundlegende Untersuchungen zum Thema Effizienz und Präzision bei der Verwendung einer örtlichen Leistungsmodulation auf Basis einer kreisförmigen Oszillation. [KAN18] und [MEH14a] führen Untersuchungen mit den angegebenen Prozessparametern durch, beschränken ihre Experimente aber auf die Analyse der Heißrissanfälligkeit und Festigkeitssteigerung.

Tab. 3: Wissenschaftliche Arbeiten zu dem Thema örtliche Leistungsmodulation beim Laserstrahlschweißen

Quelle	Material	max. Laserleistung Fokusdurchmesser Vorschubgeschwindigkeit	Gegenstand der Untersuchung Resultat der Untersuchung
[FET18]	AlSi1MgMn	6 kW 560 µm 66,6 mm/s	Untersuchung der Porenbildung bei Verwendung einer örtlichen Leistungsmodulation mittels 2D-Röntgen-Imaging-Verfahren → Porenbildung reduziert
[JAR18]	Al99,5 Cu-OF	3,25 kW 280 µm 100 mm/s	Einfluss der örtlichen Leistungsmodulation auf die resultierenden Nahtgeometrie und dem elektrischen Widerstand bei Mischverbindungen → elektrischer Widerstand durch geringe Einschweißtiefen und niedrige Aspektverhältnisse reduziert
[KAN18]	AlMg0,6SiV	1 kW 41 µm 58,3 mm/s	Beeinflussung der Heißrissbildung bei Verwendung einer örtlichen Leistungsmodulation → Heißrissanfälligkeit aufgrund größerer Schmelzbaddurchmesser gestiegen
[MEH14a]	DC04 CuSn6	0,2 kW 40 µm 90 – 100 mm/s	Verwendung einer örtlichen Leistungsmodulation beim Schweißen von Mischverbindungen für Batterieanwendungen → Steigerung der Festigkeit
[MÜL14]	S355	2,3 kW 300 µm 50 mm/s	Einfluss der örtlichen Leistungsmodulation auf die Spaltüberbrückbarkeit beim Kehlnahtschweißen → Steigerung der Prozesseffizienz
[SCH13]; [SCH16]	X5CrNi18-10	3 kW 50 µm 16 – 200 mm/s	Zusammenhang zwischen Schweiß- und Oszillationsparameter und der Anzahl an Spritzern → Erweiterung des Prozessverständnisses der Spritzerbildung

[THI12]	AlSi1MgMn AlMg0.9Si0.9 MnCu	5 kW 100 µm 83,3 mm/s	Untersuchung des Einflusses des Fokusshiftes beim Schweißen mit örtlichen Leistungsmodulation und unterschiedlicher Oszillationsgeometrien → Steigerung der Schweißeffizienz und Robustheit gegenüber Fokuslagenverschiebungen
[YAM16]	SS400	8 kW - 5,0 – 8,3 mm/s	Einfluss der örtlichen Leistungsmodulation beim Spaltschweißen mit Zusatzwerkstoff → Steigerung der Schweißqualität beim Engspaltschweißen

Zusammenfassend lässt sich festhalten, dass die Verwendung einer örtlichen Leistungsmodulation folgende positive Einflüsse auf den Laserstrahlschweißprozess hat:

- Erhöhung der Leitfähigkeit durch Beeinflussung der Durchmischung bei artungleichen Materialkombinationen
- Reduzierung der Porenbildung
- Steigerung der Festigkeit aufgrund größerer Anbindungsquerschnitte
- Steigerung der Effizienz und Schweißqualität beim Spaltschweißen
- Erhöhung der Robustheit gegen Fokuslagenverschiebungen

Daneben begünstigt das, aufgrund der örtlichen Leistungsmodulation entstehende, größere Schmelzvolumen das Auftreten von Heißrissen.

2.4.2 Zeitliche Leistungsmodulation beim Laserstrahlschweißen

Eine weitere Möglichkeit, Einfluss auf den Prozess beim Laserstrahlschweißen zu nehmen, bietet die zeitliche Leistungsmodulation. Die Möglichkeit einer anwendungsspezifischen Anpassung der zeitlichen Energieeinbringung an die Eigenschaften der zu schweißenden Materialien steht hierbei im Vordergrund. Grundsätzlich wird dabei zwischen der Pulsformung bei gepulsten Strahlquellen und der zeitlichen Veränderung der Laserleistung bei Laserstrahlprozessen mit kontinuierlichen Strahlquellen unterschieden. Die unterschiedlichen Möglichkeiten der Leistungsmodulation sind dabei in Bild 13 dargestellt. [SCH12, S.8–10]

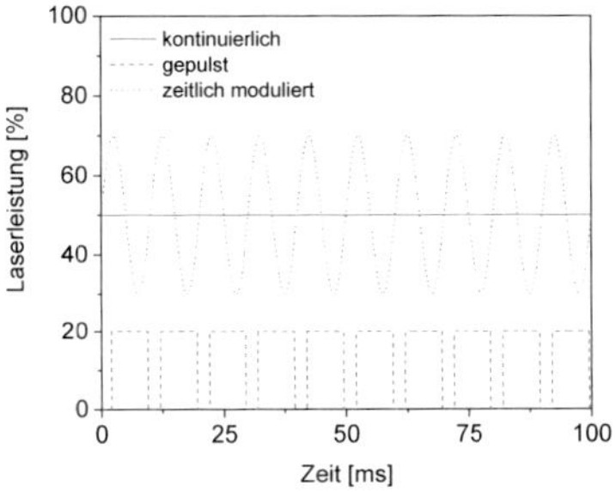

Bild 13: Unterscheidung der Erscheinungsformen der zeitlichen Leistungsmodulation

Bei der zeitlichen Pulsformung werden zwei Ansätze beschrieben: Die thermische und die metallurgische Pulsformung. Bei der thermischen Pulsformung wird der Werkstoff zunächst mit geringer Leistung vorgewärmt, um mögliche Verunreinigungen aus vorherigen Prozessschritten zu entfernen. Danach erfolgt eine Leistungserhöhung über die eigentliche Schwellleistung, um das beim Tiefschweißen charakteristische Keyhole zu formen. Die anschließende Reduzierung der Laserleistung auf die Schwellleistung bestimmt die Größe des Schmelzbades. Durch eine allmähliche Abkühlung zum Pulsende kann sich die Dampfkapillare schließen ohne zu kollabieren, sodass eine Fehlstellenbildung reduziert wird. [DÜR03]; [GED07]

Der Unterschied zur metallurgischen Pulsformung besteht aus einer zusätzlichen Überlagerung der Pulsformung durch eine Modulation der Laserleistung im kHz-Bereich. Die dadurch entstehenden zyklischen Unterkühlungen des Schmelzbades können zur Beeinflussung metallurgischer Eigenschaften, wie z.B. der Durchmischung, genutzt werden. [DÜR03]

Die zeitliche Leistungsmodulation kommt darüber hinaus auch beim kontinuierlichen Nahtschweißen zur Anwendung. Hierbei kann ebenfalls die Modulation in zwei unterschiedliche Kategorien unterteilt werden. Zum einen kann mit Hilfe von Leistungsrampen bei endlichen Schweißnähten ähnlich zum Pulsschweißen die Randbedingungen der Erwärmung und Abkühlung am Schweißnahtanfang bzw. –ende gezielt beeinflusst werden. Zum anderen kann die Leistung während des Fügeprozesses kontinuierlich verändert werden. Hierbei wird die Laserleistung durch Verwendung einer prozessspezifischen Geometrie moduliert. [SCH12, S.8–10] In [SCH94, S.100–102] wird beim Hochgeschwindigkeitsschweißen mit CO_2-Laserstrahlung durch Verwendung einer zeitlichen Leistungsmodulation eine Verbesserung der Nahtqualität und eine Stabilisierung des Prozessverhaltens beobachtet.

Analog zur örtlichen Leistungsmodulation ist auch die zeitliche Leistungsmodulation im Einzelnen betrachtet Gegenstand wissenschaftlicher Untersuchungen, welche in Tab. 4 zusammengefasst sind. Die Auflistung zeigt, dass sich die Untersuchungen zur zeitlichen Leistungsmodulation maßgeblich auf Laserleistungen von einigen Kilowatt bei Fokusdurchmessern d_f > 100 µm konzentrieren.

Tab. 4: Wissenschaftliche Arbeiten zu dem Thema zeitliche Leistungsmodulation beim Laserstrahlschweißen

Quelle	**Material**	**max. Laserleistung Fokusdurchmesser Vorschubgeschwindigkeit**	**Gegenstand der Untersuchung Resultat der Untersuchung**
[STR11]	AlMgSi0,5 St37-2	5 kW 400 µm 33,3 / 66,6 mm/s	Untersuchung der Intensitätsschwelle zwischen Wärmeleitungs- und Tiefschweißen → Reduzierung der Einschweißtiefenschwankung, Stabilisierung des Keyholes
[HEI11b]	Cu-ETP CuSn6	5 kW 100 µm 16,6 – 133,3 mm/s	Einfluss einer zeitlichen Leistungsmodulation auf Unregelmäßigkeiten und Auswürfe des Schweißprozesses → Übergang Schwelle Wärmeleitungs-/Tiefschweißen
[ZHA15]	Mg96/ Al3/Zn1	4 kW 200 – 400 µm 83,3 mm/s	Zusammenhang zwischen Parameter des Schweißprozesses und der zeitlichen Leistungsmodulation → Einfluss der zeitlichen Leistungsmodulation abhängig von der Intensität
[SCH17]	42CrMo4	5 kW 500 µm 16,6 – 100 mm/s	Einfluss der zeitlichen Leistungsmodulation auf die Heißrissbildung → Die Verwendung einer zeitlichen Leistungsmodulation reduziert die Entstehung von Heißrissen
[HEI15]	Cu-ETP CuSn6	5 kW 100 – 200 µm 50 / 100 mm/s	Einfluss der zeitlichen Leistungsmodulation auf Schweißfehler und Einschweißtiefenschwankungen → Reduzierung der Fehlstellen und Erhöhung der Einschweißtiefe
[FET15]	Cu-OF Al99,5	3,5 kW 260 µm 83,3 / 166,6 mm/s	Einfluss einer zeitlichen Leistungsmodulation bei Mischverbindungen auf die elektrische Leitfähigkeit → Erhöhung der Prozessstabilität

			ohne Einflussnahme auf die metallurgischen und elektrischen Eigenschaften
[JAR15]	Cu-OF Al99,5	5 kW 350 µm 83,3 mm/s	Einfluss einer zeitlichen Leistungsmodulation auf die Schmelzbadtemperaturen → Reduzierung der Temperaturfluktuation

Eine der am weitesten verbreiteten Umsetzungen einer kontinuierlichen zeitlichen Leistungsmodulation ist die Überlagerung der Laserleistung mit einer sinusförmigen Modulation der Form

2.22

$$P_L(t) = P_m + A_t \cdot sin(2 \cdot \pi \cdot f_t \cdot t + \varphi)$$

[HEI18, S.91–92]

P_L: Laserleistung [W]; P_m: mittlere Laserleistung [W]; A_t: Amplitude der zeitlichen Leistungsmodulation [W]; f_t: Frequenz der zeitlichen Leistungsmodulation [Hz]; t: Zeit [s]; φ: Phasenverschiebung [-];

In Bild 14 ist die in dieser Arbeit verwendete Nomenklatur für eine sinusförmige zeitliche Leistungsmodulation nach Gl. 2.22 dargestellt.

Bild 14: Nomenklatur zur sinusförmigen Modulation der Laserleistung

nach [HEI18, S.91–92]

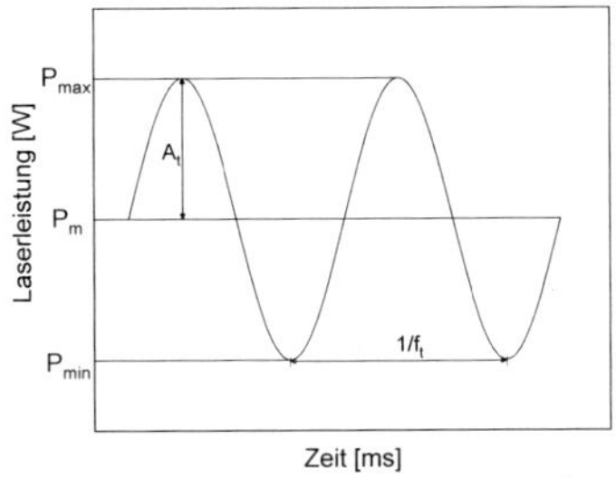

Neben der Auflistung in Tab. 4 seien die Untersuchungen von [STR11] und [HEI11a] nochmals explizit erwähnt, da diese im Hinblick auf die in dieser Arbeit dargestellten Ergebnisse ergänzende Informationen liefern. [STR11] betrachtet das dynamische Verhalten des Keyholes an der Intensitätsschwelle vom Wärmeleitungs- zum Tiefschweißen mit Hilfe einer zeitlichen Modulation der Laserleistung. Interessant ist dabei die Beobachtung, dass die Ausbildung eines Keyholes beim Tiefschweißen nicht ausschließlich von der mittleren Laserleistung abhängt. Vielmehr muss zum Etablieren eines Tiefschweißprozesses ausreichend Energie innerhalb einer spezifischen Zeitspanne zur Verfügung stehen. So führt ein kurzzeitiges Überschreiten der Leistungsschwelle zum Tiefschweißen nicht zu der Formung eines Keyholes. Ähnlich verhält sich der Prozess beim Unterschreiten der Leistungsschwelle. Ein etablierter Tiefschweißprozess ermöglicht also das kurzzeitige Unterschreiten der Leistungsschwelle, ohne dass das Keyhole zusammenfällt. Ursächlich dafür ist die Zeitspanne ($\Delta t \approx 1$ ms), die das Keyhole benötigt, um sich zu öffnen oder zu schließen. Bei der beobachteten Frequenz ($f_t = 1$ kHz) beträgt die Zeitspanne, in der sich die Laserleistung unterhalb der Tiefschweißschwelle befindet, lediglich $\approx 0{,}5$ ms. Dieses Zeitfenster stellt sich als zu kurz heraus, um ein Zusammenfall des Keyholes zu ermöglichen.

Zur Verbesserung der Nahtqualität sowie zur Reduzierung der Fluktuation der Einschweißtiefe beim Schweißen von Cu-ETP und CuSn6 mit Schweißgeschwindigkeiten ≤ 6 m/min untersucht [HEI11a] die Verwendung einer zeitlichen Leistungsmodulation im Frequenzbereich $f_t \leq 1$ kHz. Als Strahlquelle dient ein Scheibenlaser mit 5 kW Maximalleistung zum Schweißen der 2,5 mm dicken Probenbleche. Dabei stellt sich heraus, dass bei einer sinusförmigen Leistungsmodulation im Frequenzbereich 400-600 Hz eine deutliche Reduzierung der Schmelzauswürfe zu beobachten ist. Die mittlere Leistung wird dabei auf die unterschiedlich zu schweißenden Kupfersorten angepasst ($P_{m,CuSn6} = 1$ kW, $P_{m,Cu\text{-}ETP} = 1{,}5$ kW) während die Leistungsamplitude A_t bei 750 W konstant gehalten wird. Weiterhin lässt sich in diesem Parameterbereich eine Fluktuationsminderung der Einschweißtiefe erkennen. [HEI11a]

2.4.3 Örtlich und zeitlich kombinierte Leistungsmodulation beim Laserstrahlschweißen

Eine kombinierte Leistungsmodulation bestehend aus einer zeitlichen Variierung der Leistung und einer Strahlablenkung ist in den wissenschaftlichen Untersuchungen noch nicht ausreichend thematisiert.

[KRA11] publiziert die Untersuchung eines hochfrequenten Strahlpendelns ($f_s > 1$ kHz) in Kombination mit einer Leistungsmodulation zum Ausgleich der Unterschiede in der Streckenenergie in den Umkehrpunkten beim Schweißen von artungleichen Metallen mit einem Single-Mode-Faserlaser. Die Ergebnisse zeigen eine konstante Einschweißtiefe über die Strecke der Strahlablenkung und eine homogene Durchmischung der beiden zu fügenden Materialien, was die Möglichkeit zu rissfreien Schweißnähten eröffnet.

Darüber hinaus ist insbesondere bei der Betrachtung von unsymmetrischen örtlichen Leistungsmodulationen, wie sie bei der Verwendung von kreisförmigen Oszillationen auftreten, ein Ausgleich der Streckenenergie durch Kombinierung einer zusätzlichen zeitlichen Leistungsmodulation nicht untersucht.

2.5 Dynamik der Schmelze beim Laserstrahlschweißen

Das hydrodynamische Verhalten eines Schmelzbades während eines Tiefschweißprozesses steht schon länger im Mittelpunkt wissenschaftlicher Untersuchungen. [BER13]; [CHO12]; [ERI10]; [GEI09]

Während des Laserstrahlschweißprozesses treten im Schmelzbad verschiedene hydrodynamische Effekte auf, die nicht nur den Prozess beeinflussen, sondern auch für das Erscheinungsbild der erstarrten Schweißnaht verantwortlich sind. Als Ursache für die auftretenden Strömungen beim Tiefschweißen gilt das Zusammenwirken von verschiedenen treibenden Kräften, wie beispielsweise dem Dampfdruck in der Kapillare, der Oberflächenspannung des schmelzflüssigen Materials oder dem Auftrieb durch Temperaturunterschiede im Schmelzbad. Die drei hauptsächlich auftretenden Strömungsfelder sind bereits in Kapitel 2.2.2 diskutiert und in Bild 8 dargestellt. [HÜG09, S.230–242]; [HES12, S.32–35]

Auf Basis der zugrunde liegenden unterschiedlichen Schmelzbadströmungen werden in [HES12, S.98–108] Schweißversuche mit Indikatormaterialien durchgeführt. Durch eine metallographische Auswertung der geätzten Längs- und Querschliffe ist die Entwicklung eines Modells (s. Bild 15) für Schmelzbadströmungen möglich.

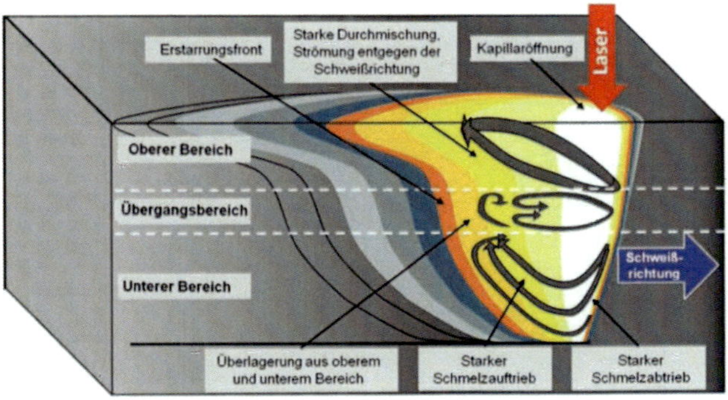

Bild 15: Modell der Schmelzbad-strömungen beim Laserstrahlschweißen

[HES12, S.107]

Der obere Bereich des Schmelzbades ist gekennzeichnet durch eine ausgeprägte Durchmischung während der mittlere und der untere Bereich einen Materialtransport in Richtung des Schmelzbadgrundes aufzeigen. In Folge des nach unten beschleunigten Materials erfährt dieses eine Umlenkung und ein Aufströmen unter einem Winkel von $\approx 30°$ zur Horizontalen. Diese Umlenkung der Schmelzbadströmung resultiert aus der Kapillarumströmung, welche unterhalb des Keyholes entsteht. Die Marangoni-Konvektion vor dem Keyhole ist aufgrund der geringen Schmelzfilmdicke vernachlässigbar. Die nach oben gerichtete Strömung lässt sich etwa bis zur Mitte des Werkstückes verfolgen, bis eine weitere Umlenkung den Schmelzstrom in Schweißrichtung ablenkt. Das Modell von [HES12, S.107] deckt sich in den Ergebnissen mit den simulativen Ansätzen von [GEI09] und [COU13].

2.6 Keyholedynamik beim Laserstrahlschweißen

Beim Laserstrahltiefschweißen ist die Ausbildung und die Dynamik des Keyholes, wie bereits in Kap. 2.1 erläutert, das wesentliche Merkmal und bezogen auf die Stabilität und die resultierende Schweißnahtgeometrie von besonderer Bedeutung. Instabilitäten des Keyholes sind verbunden mit Schwankungen bezüglich der Schweißnahttiefe [MAR05].

Der Verdampfungsprozess innerhalb des Keyholes wird dabei insbesondere durch die zur Verfügung stehende Laserstrahlintensität und den multiplen Wechselwirkungen zwischen Licht und Materie an der Grenze zwischen Gas- und Schmelzphase beeinflusst. In Bild 16 ist die Kapillargeometrie für das Laserstrahltiefschweißen bei einem Verhältnis aus Einschweißtiefe und Materialdicke e/d = 1 vereinfacht dargestellt.

Bild 16: Vereinfachte Darstellung der Geometrie der Dampfkapillare bei Durchschweißungen mittels Laserstrahlung

[FAB05]

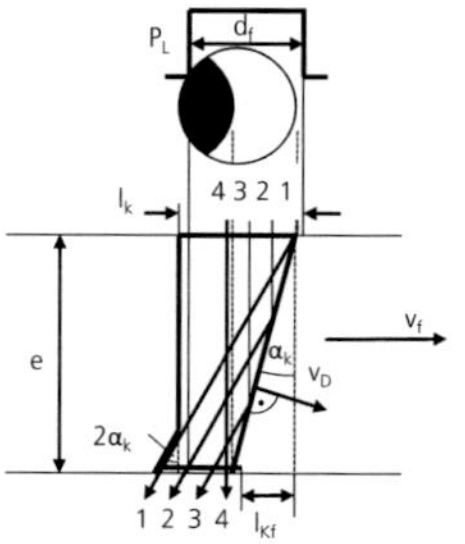

d_f	Fokusdurchmesser
P_L	Laserleistung
l_K	Länge Kapillaröffnung
v_f	Vorschubgeschwindigkeit
α_k	Kapillarneigung
e	Einschweißtiefe
v_d	Bohrgeschwindigkeit
l_{kf}	Länge der Kapillarfront

Während die Kapillarfront sich über die gesamte Tiefe um den konstanten Winkel α zur Einfallsrichtung des Laserstrahls neigt, verläuft die Rückseite der Dampfkapillare in Nähe der Oberfläche nahezu senkrecht und knickt dann um den doppelten Neigungswinkel ab. Der Neigungswinkel wird dabei durch das Verhältnis aus Schweiß- und Vorschubgeschwindigkeit bestimmt.

2.23

$$\cos \alpha_k = \frac{v_d}{v_f}$$

[FAB10] α_k: Kapillarneigungswinkel [°]; v_d: Schweißgeschwindigkeit [mm/s]; v_f: Vorschubgeschwindigkeit [mm/s]

Für Verhältnisse aus Einschweißtiefe und Materialdicke < 1 zeigt Bild 17 eine vereinfachte Darstellung der Kapillargeometrie am Beispiel einer Laserstrahlschweißung in X5CrNi18-10. Der eingezeichnete Teilstrahl veranschaulicht exemplarisch das Prinzip der Mehrfachreflexion.

Bild 17: Vereinfachte Darstellung der Geometrie der Dampfkapillare beim Schweißen mittels Laserstrahlung

[WEB10, S.43]

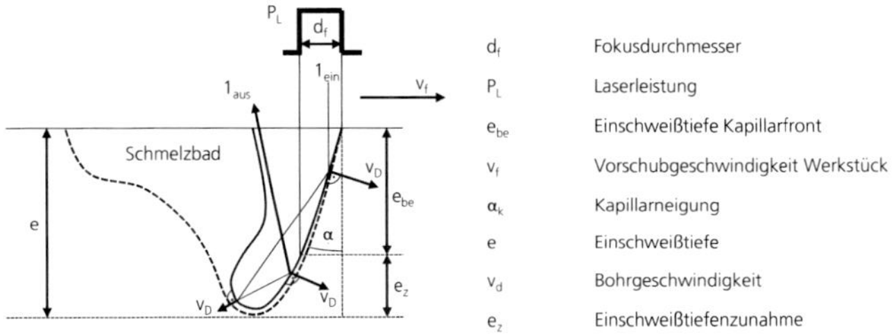

Bei Vorschubgeschwindigkeiten v_f < 200 mm/s gilt der Zusammenhang

2.24

$$\alpha = 1{,}6^{+0{,}4}_{-0{,}2} \cdot \tan^{-1}\left(\frac{d_f}{e}\right)$$

[WEB10, S.44]

α_k: Kapillarneigungswinkel [°]; d_f: Fokusdurchmesser [µm]; e: Einschweißtiefe [µm]

Der Faktor 1,6 steht dabei für das Verhältnis aus Einschweißtiefe zur direkt bestrahlten Tiefe e_{be}. [WEB10]; [FAB10]

Bei Untersuchungen mit einem Fokusdurchmesser von 600 µm wurde für den Stahl X5CrNi18-10 eine Näherung für die Einschweißtiefe gemäß

2.25

$$e = \frac{4 \cdot K \cdot A}{\pi} \cdot \frac{P_L}{d_f \cdot v_f}$$

[FAB10]

e: Einschweißtiefe [mm]; A: Absorptionsgrad [-]; K: experimentell bestimmte Konstante [mm³/J]; P_L: Laserleistung [W]; d_f: Fokusdurchmesser [mm]; v_f: Vorschubgeschwindigkeit des Werkstückes [mm/s]

bestimmt. Der Wert für die experimentell bestimmte Konstante kann für unterschiedliche Materialen und Prozessbedingungen variieren. In [FAB10] werden fünf verschiedene Regionen für die Geometrie der Dampfkapillare beim Tiefschweißen von Stahl für unterschiedliche Vorschubgeschwindigkeiten bei einem Fokusdurchmesser von 600 µm und einer Laserleistung von 4 kW beschrieben. Bei Schweißgeschwindigkeiten unter 83 mm/s ist die Dampfkapillare eher rund und vertikal. Das Schmelzbad ist groß und unruhig, wodurch an der Kapillarfront vermehrt Schweißspritzer auftreten. Im Bereich von 100 mm/s < v_f < 133 mm/s entsteht eine Welle hinter der Dampfkapillare, die zu einer Oszillation des Schmelzbades führt. Die Dampfkapillare wird dadurch periodisch geschlossen, was zu einer Spritzerbildung an der Rückseite der Dampfkapillare führt. Während bei geringeren Schweißgeschwindigkeiten eine relativ gleichmäßige Verteilung der Energieeinkopplung über der Dampfkapillaroberfläche auftritt, wird der einfallende Laserstrahl in diesem Bereich vornehmlich an der gekippten Kapillarfront absorbiert. Wird die Vorschubgeschwindigkeit weiter erhöht, so verlängert sich die Dampfkapillaröffnung in einem Bereich von 150 mm/s < v_f < 183 mm/s. Neben der Kapillarfront wird auch ein zweiter Bereich an der Kapillarrückseite erhitzt, von dem aus Metalldampf emittiert wird, der in Schweißrichtung strömt. Die Länge der Kapillaröffnung schwankt auch in diesem Bereich periodisch, jedoch weniger stark als im Bereich 100 mm/s < v_f < 133 mm/s. Die Neigung der Dampfkapillare gewinnt bei Schweißgeschwindigkeiten 200 mm/s < v_f < 317 mm/s immer mehr an Bedeutung. Die Kapillaröffnung ist in diesem Bereich wieder kürzer, wenn auch weiterhin länglich. Das Schmelzbad ist relativ ruhig und Schweißspritzer kommen nicht vor. Wird eine Schweißgeschwindigkeit von etwa 333 mm/s überschritten tritt Humping auf. Sehr starke Einbrandkerben werden von ellipsoiden Anschwellungen der Schweißnaht begleitet, die periodisch durch flache Täler getrennt sind. Der Effekt des Humpings ist ein Phänomen, welches bereits seit einigen Jahrzehnten in verschiedenen Schweißverfahren beobachtet wird. Dabei entstehen durch ein Aufstauen des Schmelzbades bei vorzugsweise hohen Vorschubgeschwindigkeiten Schmelzetropfen, welche zu einer unregelmäßigen Schweißnaht führen. [OTT16]

[MIY16] zeigt bei Verwendung von Synchrotronstrahlung zur Beobachtung die Ausbildung der Dampf- und Gasphase beim Schweißen mit geringen Laserleistungen P_L < 0,5 kW und kleinen Fokusdurchmessern d_f < 40 µm mit der Phasenkontrastmethode. In Bild 88 ist eine Durchlichtaufnahme mit Synchrotronstrahlung dargestellt. Mit dieser neuen Untersuchungsmethode lassen sich die Phasengrenzen fest-flüssig und flüssig-gasförmig optisch darstellen, sodass ein detailliertes Bild der Keyholegeometrie entsteht. Das Keyhole lässt sich demnach als Zylinder mit einer der Vorschubgeschwindigkeit entsprechenden Neigung beschreiben, anders als die Ergebnisse der Makroschweißungen von [FAB10]; [WEB10, S.43–44]

3 Prozessrelevante Grundlagen

3.1 Relevante Einflussgrößen beim Schweißen mit Laserstrahlung

Schmelzebasierte Verfahren wie zum Beispiel das Laserstrahlschweißen zeigen den in Bild 18 dargestellten verfahrensübergreifenden Ablauf mit den Effekten der Schmelzeentstehung und der Erstarrung. So wird aus dem Ausgangsmaterial als Festköper durch eine beliebige Form der Energiezufuhr die Entstehung der Schmelze angeregt, bis das gesamte zu bearbeitende Volumen in schmelzflüssiger Form vorliegt.

Bild 18: Verfahrensübergreifende Effekte und Einflussfaktoren der Schmelz- und Erstarrungsvorgänge bei schmelzebasierten Verfahren

[POP18a]

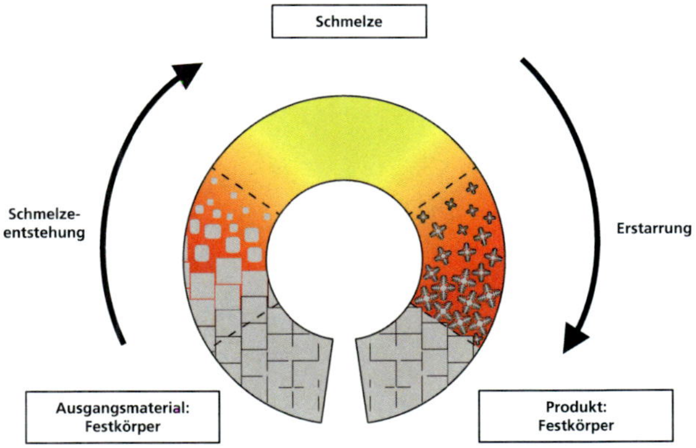

Die Erstarrung leitet dann wiederum die Umwandlung der Schmelze durch Abkühlung in das zu erzielende Produkt als Festkörper ein. Diese Effekte und die dazugehörigen Einflussfaktoren lassen sich wie folgt auf das Laserstrahl-Mikroschweißen übertragen. So ist besonders für laserbasierte Fertigungsprozesse während der Schmelzeentstehung die Energieeinbringung durch die Wechselwirkung aus Licht und Materie einer der entscheidenden Effekte. Das Verhalten der Schmelze quantifiziert durch Strömungsgeschwindigkeiten, Dichte- und Oberflächenspannungsgradienten und Temperaturverteilung schließt sich zeitlich nach dem Aufschmelzen des Ausgangsmateriales an. Schlussendlich erfährt die Schmelze durch die Abkühlung und Erstarrung zu einem Festkörper als Ausgangsprodukt geänderte Materialeigenschaften, die die Schweißnaht hinsichtlich ihrer charakteristischen Eigenschaften beschreibt.

Bild 19 zeigt auf Basis der beschriebenen Effekte eines Laserstrahl-Mikroschweißprozesses, die charakteristischen Merkmale des schmelzebasierten Prozesses Energieeinbringung, Eigenschaft der Schweißnaht und Schmelzdynamik und die entsprechenden Einflussgrößen mit einer relativen Gewichtung.

Bild 19: Zusammenhänge und Einflussgrößen beim Laserstrahlschweißen

Wichtung der Einflussgrößen beim Laserstrahlschweißen

Einflussgrößen		Energie-einbringung	Eigenschaft der Schweißnaht	Schmelzdynamik	Summe
Eigenschaft des Ausgangsmaterials	Beschichtungen	++	++	+	5
	Vorbehandlungen	+	+	o	2
	Wärmeleitfähigkeit	o	o	++	2
	Chemische / Metallurgische Eigenschaften	o	+	+	2
	Verunreinigungen	+	+	o	2
	Geometrie	++	o	++	4
	Solidus- / Liquidusstemperatur	o	o	++	2
	Oberflächeneigenschaften	++	o	o	2
	Absorptionsverhalten	++	o	+	3
Laser-strahl-quelle	Fokusdurchmesser	++	+	++	5
	Strahlqualität	++	o	+	3
	Wellenlänge	++	o	o	2
	Polarisationsverhalten	++	o	o	2
Schweißprozess	Tief- / Wärmeleitungsschweißen	++	++	++	6
	Laserleistung	++	+	++	5
	Vorschubgeschwindigkeit	++	+	++	5
	Örtliche Leistungsmodulation	++	++	++	6
	Zeitliche Leistungsmodulation	++	+	+	5
	Neigung des Keyholes	++	o	+	3
	Schutzgaszufuhr	o	++	+	3
	Fokuslage	++	o	+	3
Summe	-	32	15	24	-
Wichtigkeit	-	1.	3.	2.	-

++	starker Einfluss	2
+	mäßiger Einfluss	1
o	kein Einfluss	0

Die Aufstellung erfolgt dabei anhand einer qualitativen Bewertung einzelner Einflussgrößen, welche in den drei Kategorien der Eigenschaft des Ausgangsmaterials, der Laserstrahlquelle und des Schweißprozesses gegliedert sind. Die Einflussgrößen können dabei keinen, einen mäßigen oder einen starken Einfluss auf die charakteristischen Merkmale des Schweißprozesses haben.

Die Größen, welche das *Material* in seinem Ausgangzustand als Festkörper beeinflussen, sind neben Beschichtungen wie beispielsweise Nickel oder Gold zur Verbesserung der Haftungs- und Benetzungseigenschaften in der Leistungselektronik insbesondere die physikalischen, chemischen und metallurgischen Merkmale. Zu den physikalischen Merkmalen zählt neben der Solidus- bzw. Liquidustemperatur auch die bei laserstrahlbasierten Fertigungsprozessen im Allgemeinen wichtige Angabe des Absorptionsverhaltens (s. Kapitel 2.2.1). Auch die chemischen bzw. metallurgischen Eigenschaften insbesondere deren chemische Zusammensetzung können in vielfältiger Weise die resultierenden Materialeigenschaften oder auch das Strömungsverhalten innerhalb der Schmelze beeinflussen. Weiterhin lässt sich der Schweißprozess durch Verunreinigungen oder durch die eigentliche Geometrie des zu fügenden Bauteils, auch in Kombination mit der vorliegenden Oberflächenbeschaffenheit, beeinflussen.

Die *Laserstrahlquelle* wird beim laserbasierten Fügen im Allgemeinen durch die Wellenlänge, den Fokusdurchmesser, die Strahlqualität und das Polarisationsverhalten beschrieben. Letzteres spielt bei der Verwendung der in der Industrie üblicherweise eingesetzten unpolarisierten Strahlquellen zum Schweißen von Metallen eine untergeordnete Rolle. Die Wellenlänge steht aber im direkten Zusammenhang mit der Absorption bzw. der Energieeinbringung in das Material. Bild 20 zeigt für gängige metallische Werkstoffe den Absorptionsgrad in Abhängigkeit von der Wellenlänge.

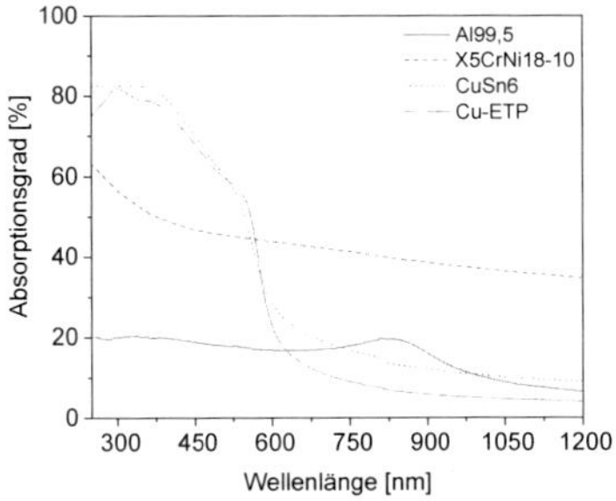

Bild 20: Wellenlängenabhängige Absorption von Metallen

Al99,5, X5CrNi18-10 CuSn6, Cu-ETP

Der Fokusdurchmesser oder die durch eine Defokussierung auftretende Änderungen des selbigen führt bei konstanter Leistung zu einer Beeinflussung der Intensität. Wie bereits in Kapitel 2.1 beschrieben, ist die Höhe der Intensität maßgeblich für die Realisierung eines Wärmeleitungs- bzw. Tiefschweißprozesses und damit auch für die resultierende Ausprägung der Schweißnaht. In Bild 21 ist die charakteristische Intensitätsschwelle zum Tiefschweißen in Relation zum Fokusdurchmesser und der Laserleistung am Beispiel eines Laserstrahl-Mikroschweißprozesses an unlegiertem Kupfer mittels eines Single-Mode-Faserlasers aufgetragen. Die Messdaten zu dieser Darstellung wurden experimentell ermittelt. Die Energieeinbringung in das Bauteil ist daher offenkundig von dem verwendeten Fokusdurchmesser abhängig. Mit einer Reduzierung des Fokusdurchmessers reduziert sich auch die minimal benötigte Laserleistung zum Erreichen des Tiefschweißeffektes.

Bild 21: Experimentelle Untersuchung der Intensitätsschwelle zwischen dem Wärmeleitungs- und Tiefschweißprozess beim Laserstrahlschweißen von Cu-ETP bei Verwendung eines Single-Mode-Faserlasers

λ = 1070 nm
v_f = 100 mm/s

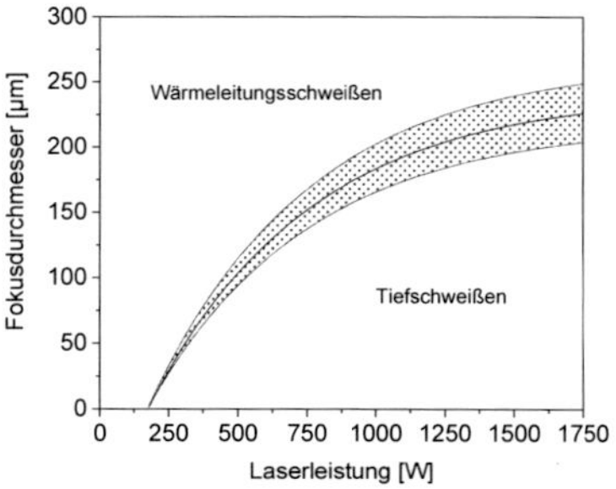

Der Wechsel zwischen Wärmeleitungs- und Tiefschweißen ist durch einen Übergangsbereich gekennzeichnet. Die Anpassungskurve zu Darstellung dieses Übergangsbereiches bei minimaler Leistung und gegebenen Fokusdurchmesser lässt sich durch folgende Gleichung beschreiben.

3.1

$$P_{min} = 276\,W - 582\,W \cdot \ln\left(\frac{242\,\mu m - d_f}{207\,\mu m}\right)$$

P_{min}: minimal erforderliche Laserleistung [W]; d_f: Fokusdurchmesser [µm]

Der minimal erreichbare Fokusdurchmesser wiederum wird analog dazu von der Strahlqualität M^2 einer Strahlquelle nach Gl. 3.2 beeinflusst.

3.2

$$w_o = \frac{2 \cdot \lambda \cdot f}{\pi \cdot d_{roh}} \cdot M^2$$

[POP18b, S.126–130]

w_0: Radius der Strahltaille [mm]; λ: Wellenlänge [mm]; f: Brennweite [mm]; d_{roh}: Rohstrahldurchmesser [mm]; M^2: Beugungsmaßzahl [-]

Schlussendlich trägt der realisierte *Schweißprozess* mit den entsprechenden Variablen und einstellbaren Größen (u.a. Laserleistung, Vorschubgeschwindigkeit, Parameter der örtlichen und zeitlichen Leistungsmodulation) maßgeblich zur Ausprägung der Materialeigenschaften, Energieeinkopplung und Schmelzdynamik bei. Neben der eigentlichen Wahl des Prozessregimes, also der Ausprägung des Fügeprozesses als Wärmeleitungs- oder Tiefschweißprozess und die damit verbundenen Einflussgrößen wie z.B. die Neigung der Dampfkapillare zählen weiterhin Variablen wie Laserleistung, Vorschubgeschwindigkeit, Fokuslage, Schutzgaszufuhr und die Parameter einer örtlichen und zeitlichen Leistungsmodulation zu den maßgeblichen Variablen.

Die qualitative Auswertung in Bild 19 zeigt, dass für einen Laserstrahlschweißprozess maßgeblich die Energieeinbringung, also die Wechselwirkung zwischen Licht und Materie, die entscheidende Größe darstellt. Im weiteren Verlauf dieser Arbeit wird eben dieser Aspekt im Hinblick auf die Verwendung einer örtlichen und zeitlichen Leistungsmodulation betrachtet.

3.2 Resultierende Energiedeposition bei Verwendung einer örtlichen Leistungsmodulation

Im nachfolgenden Kapitel wird die aus der überlagerten kreisförmigen Oszillation entstehende spiralförmige und asymmetrische Bahnbewegung bei Verwendung einer örtlichen Leistungsmodulation hinsichtlich der relevanten Einflussgrößen auf den Laserstrahl-Mikroschweißprozess untersucht.

Das geänderte Prozessverhalten beim Schweißen mit örtlicher Leistungsmodulation auf Basis einer überlagerten kreisförmigen Oszillation kann z.B. durch die Erhöhung der eigentlichen Bahngeschwindigkeit v_p und der dadurch entstehenden Veränderung der Dampfkapillargeometrie (s. Kapitel 2.6) zu einer variablen Energieeinbringung führen. Die erhöhte Energieeinbringung führt dann zu einem größeren aufgeschmolzenen Volumen und demnach zu einer Steigerung der Prozesseffizienz. Weiterhin kann durch die nicht geradlinige Bahngeometrie der Dampfkapillare eine effizientere Ausnutzung der beim Schweißen entstehenden Wärmeleitungsverluste entstehen. Durch die spiralförmige Geometrie des Bahnverlaufes können Wärmemengen dem Prozess wieder zurückgeführt werden, die beim konventionellen Schweißen aufgrund der Linearität der Schweißkontur verloren sind.

Beim Laserstrahl-Mikroschweißen mit örtlicher Leistungsmodulation ist der resultierende Überlappgrad U in Bezug auf die entstehenden Wärmeleitungseffekte von großer Bedeutung. Die Oszillationsamplitude zur Oszillationsfrequenz bei gleichbleibender Vorschubgeschwindigkeit und konstanten Überlappgrad ist dabei umgekehrt proportional.

3.3 $$A_s \propto \frac{1}{f_s} \; f\ddot{u}r \; U, v_f = const.$$

v_f: lineare Vorschubgeschwindigkeit [mm/s]; U: Überlappgrad [-]; A_s: örtliche Oszillationsamplitude [mm]; f_s: örtliche Oszillationsfrequenz [Hz]

Der Zusammenhang zwischen Oszillationsfrequenz und Überlappgrad bei unterschiedlichen Oszillationsamplituden ist dabei in Bild 22 dargestellt.

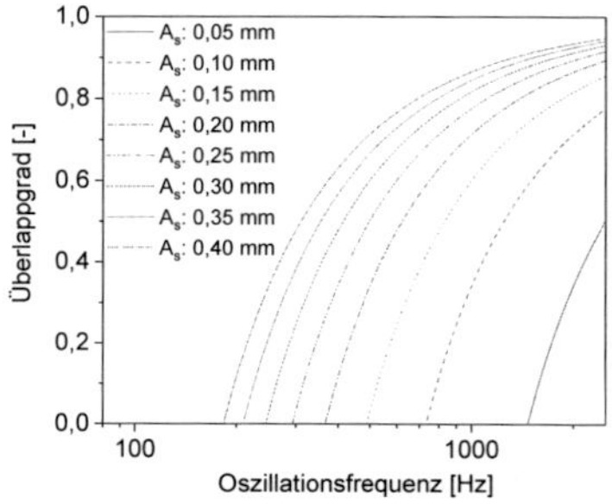

Bild 22:
Zusammenhang zwischen Überlappgrad und Oszillationsfrequenz bei unterschiedlichen Oszillationsamplituden

v_f: 100 mm/s

Während der örtlichen Leistungsmodulation ist, in Anbetracht einer Rückgewinnung der Wärmeenergie, von einer Vergrößerung des Schmelzbades in Relation zur Strahlposition auszugehen. Die Strahlposition ergibt sich durch den Oszillationswinkel zur Startposition Φ und ist unabhängig von der linearen Vorschubgeschwindigkeit. Die dadurch entstehende Nomenklatur ist in Bild 23 schematisch dargestellt.

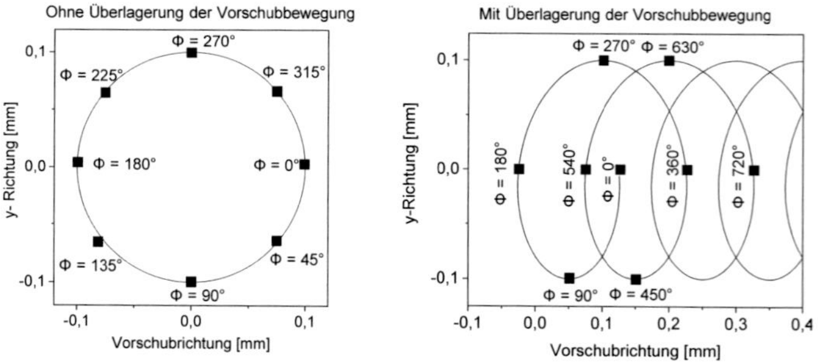

Bild 23:
Nomenklatur des Oszillationswinkels beim Laserstrahlschweißen mit örtlicher Leistungsmodulation

v_f: 100 mm/s

Die Verwendung einer örtlich modulierten Laserstrahlung beeinflusst die Dynamik und die Geometrie des Schmelzbades aufgrund der geänderten Bahnbewegung der Dampfkapillare. Diese geänderte Bahnbewegung führt bei der hier betrachteten kreisförmigen Oszillation auf der einen Seite zum Überfahren von bereits aufgeschmolzenem Material und auf der anderen Seite zu einer geänderten Bahngeschwindigkeit v_p des Keyholes. Die Kreisform verursacht in Wechselwirkung mit der linearen Vorschubgeschwindigkeit einen asymmetrischen lokalen Streckenenergieverlauf während eines vollständigen Umlaufes. Die globale Streckenenergie, hervorgerufen durch die lineare Vorschubbewegung, bleibt weiterhin konstant. Die lokale Streckenenergie $E_{S,lokal}$ ergibt sich aus der Laserleistung P_L und der Bahngeschwindigkeit v_p.

3.4
$$E_{s,lokal} = \frac{P_L}{v_p}$$

$E_{S,lokal}$: lokale Streckenenergie [J]; P_L: Laserleistung [W]; v_p: Bahngeschwindigkeit [mm/s]

Wobei die Bahngeschwindigkeit v_p bei Verwendung einer kreisförmigen Oszillation gegeben ist durch

3.5
$$v_p = \sqrt[2]{\left(v_f - 2 \cdot \pi \cdot f_s \cdot A_s \cdot \cos(2 \cdot \pi \cdot f_s \cdot t)\right)^2 + \left(2 \cdot \pi \cdot f_s \cdot A_s \cdot sin(2 \cdot \pi \cdot f_s \cdot t)\right)^2}$$

v_p: Bahngeschwindigkeit [mm/s]; v_f: lineare Vorschubgeschwindigkeit [mm/s]; A_s: örtliche Oszillationsamplitude [mm]; f_s: örtliche Oszillationsfrequenz [Hz]

Die maximale Differenz der Bahngeschwindigkeit auf einem Umlauf, hervorgerufen durch die beschriebene Asymmetrie, entspricht dabei dem doppelten der linearen Vorschubbewegung v_f. Bild 24 veranschaulicht die Unterschiede der Bahngeschwindigkeit anhand einer örtlichen Leistungsmodulation mit einer Oszillationsamplitude $A_s = 0{,}1$ mm, einer Oszillationsfrequenz $f_s = 1$ kHz und einer linearen Vorschubgeschwindigkeit $v_f = 100$ mm/s.

Bild 24: Unterschiede in der Bahngeschwindigkeit v_p bei Verwendung einer örtlichen Leistungsmodulation

v_f: 100 mm/s

A_s: 0,1 mm

f_s: 1 kHz

[HAE17a]

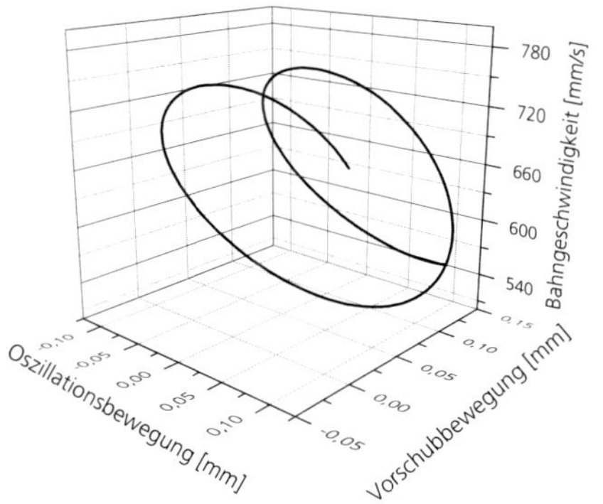

Durch die weiterhin konstant emittierte Laserleistung entstehen Unterschiede in der lokalen Streckenenergie, die bei den gegebenen Parametern und einer resultierenden max. Bahngeschwindigkeit $v_p \approx 728$ mm/s ca. 28 % betragen. Die Änderung der Bahngeschwindigkeit beeinflusst die Neigung des Keyholes, welche sich wiederum auf die Menge der eingekoppelten Energie auswirkt und damit die resultierende Schweißnahtgeometrie beeinflusst. [HAE17a]

Die resultierende theoretische lokale Streckenenergie bei Betrachtung der Bahnbewegung und Geschwindigkeitsunterschiede durch Verwendung einer örtlichen Leistungsmodulation ist in Bild 25 dargestellt.

Bild 25:
Theoretische lokale Streckenenergie bei Verwendung einer örtlichen Leistungsmodulation

P_L: 300 W
v_f: 100 mm/s
A_s: 0,1 mm
f_s: 1 kHz

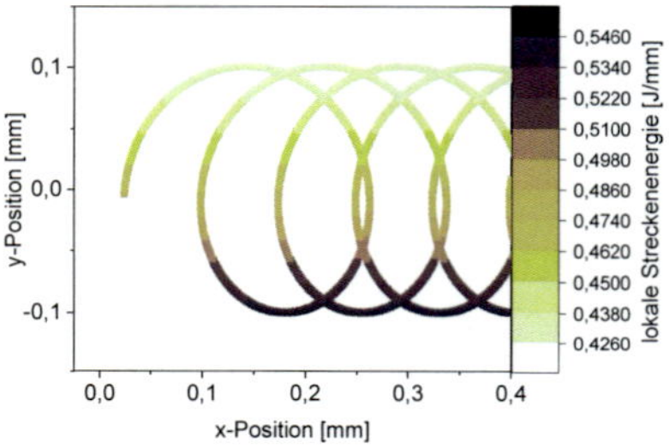

3.3 Wärmeleitungseffekte beim Schweißen mit Laserstrahlung

Grundsätzlich lassen sich beim Schweißen mit Laserstrahlung von Kupferbasislegierungen drei unterschiedliche Bereiche identifizieren, in denen die Wärmeleitung den Schweißprozess und dessen Wärme- und Energiebilanz beeinflusst:

- Wärmeleitung auf Bauteilebene
- Wärmeleitung aufgrund der Schweißgeometrie
- Wärmeleitung innerhalb des Schmelzbades

In Bild 26 sind diese drei Bereiche schematisch dargestellt. Die Wärmeleitung auf Bauteilebene beschreibt hierbei die Erwärmung des Bauteils bei der Energiezufuhr durch einen Laserstrahl während des Schweißprozesses. Die Wärmeleitung die aufgrund der Schweißgeometrie beim Schweißen von Linien, Kreisen oder der Anwendung einer örtlichen Leistungsmodulation entsteht, findet dagegen überwiegend im Fügebereich statt. Des Weiteren entsteht im Schmelzbad ebenfalls eine Wärmeleitung, welche auf den vom Keyhole und des Schmelzbades hervorgerufenen Dynamik basiert.

Bild 26:
Größenskalen der Wärmeleitung beim Laserstrahl-Mikroschweißen

links: auf Bauteilebene
mitte: Wärmeleitung aufgrund der Schweißgeometrie
rechts: Wärmeleitung innerhalb des Schmelzbades

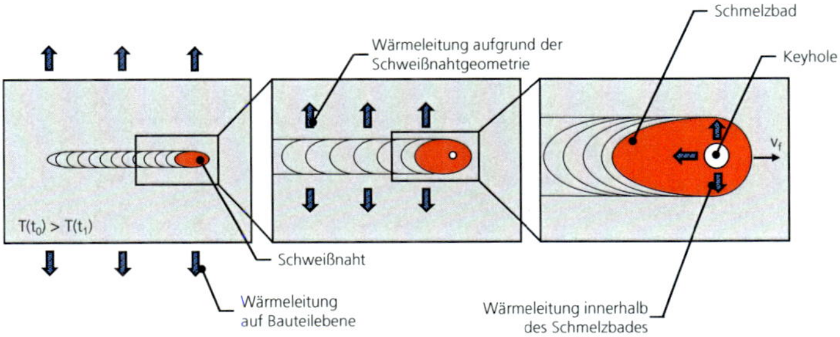

3.3.1 Wärmeleitung auf Bauteilebene

Die Energieabfuhr des Schweißprozesses auf Bauteilsicht führt zu einer zeitlichen Erhöhung der Temperatur. So wird zu Beginn des Fügeprozesses, aufgrund der gesteigerten Bauteiltemperatur, eine höhere Wärmeenergie zum Erreichen der Verdampfungstemperatur benötigt als zum Ende des Fügeprozesses. Die benötigte Wärmeenergie Q, um die Masse eines Stoffes auf eine bestimmte Temperatur zu Erwärmen ergibt sich aus

3.6
$$Q = m \cdot c_p \cdot \Delta T$$

[STÖ98, S.629–630]

Q: Wärmeenergie [J]; m: Masse [kg]; c_p: Wärmekapazität [J/(kg·K)]; ΔT: Temperatur differenz [K]

Zum Erreichen der Verdampfungstemperatur bei einer temperaturabhängigen Wärmespeicherkapazität wird Gl. 3.4 erweitert zu

3.7
$$Q = m \cdot \left(c_{p,s}(T) \cdot (T_m - T_{Bauteil}) + c_{p,f}(T) \cdot (T_v - T_{Schmelz}) + h_{fus} + h_v\right)$$

[STÖ98, S.629–630]

Q: Wärmeenergie [J]; m: Masse [kg]; $c_{p,s}$: Wärmekapazität des Festkörpers [J/(kg·K)]; $c_{p,f}$: Wärmekapazität des Fluides [J/(kg·K)]; T: Temperatur [K]; $T_{Bauteil}$: Temperatur des Bauteils [K]; T_m: Schmelztemperatur [K]; T_v: Siedetemperatur [K]; h_{fus}: spezifische Schmelzenthalpie [J/kg]; h_v: spezifische Verdampfungsenthalpie [J/kg]

So führt eine prozessseitige Erwärmung eines Bauteils aus Kupfer sowohl zu einer Änderung der Temperaturdifferenz $\Delta T = (T_m - T_{Bauteil})$ als auch zu einer Änderung der temperaturabhängigen Parameter wie der Wärmespeicherkapazität, und des Absorptions- und Wärmeleitungskoeffizienten (s. Bild 9 und Bild 10). Eine höhere Bauteiltemperatur führt daher zu einem höheren Absorptionsgrad und verringerten Wärmeleitungskoeffizienten, welche wiederrum zu weiter erhöhten Temperaturen führen (s. Bild 27). Dabei sind eventuell auftretende Kreuzkorrelationen nicht dargestellt.

Bild 27:
Beeinflussung von Wärmeleitung und Energieeinbringung durch Erhöhung der Bauteiltemperatur

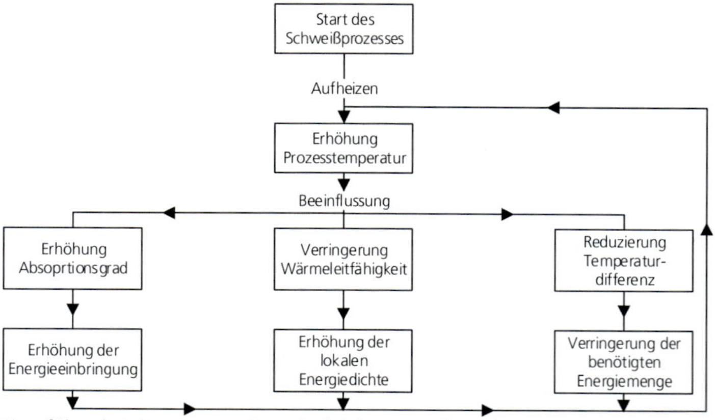

Dies führt bei konstanter Energieeinbringung über die Prozesszeit in einem endlichen Bauteil mit adiabatischen Randbedingungen zu einer kontinuierlichen Vergrößerung des Schmelzbades und damit zu einer stetigen Steigerung der Einschweißtiefe. In Bild 28 ist der Längsschliff einer Schweißnaht zu sehen, an welcher der Einschweißtiefenverlauf über die Prozesszeit zu erkennen ist.

Bild 28:
Einschweißtiefen-verlauf einer linearen Schweißnaht in CuSn6

$P_L = 300$ W

$v_f = 100$ mm/s

$d = 600$ µm

Zwangsläufig wird dieses Verhalten jedoch neben den charakteristischen Eigenschaften Absorptionsgrad, Wärmeleitungskoeffizient und Schmelztemperatur auch von den geometrischen Dimensionen sowie der thermischen Isolierung zur Umgebung beeinflusst. Bei Bauteilen, deren geometrischen Eigenschaften sich nur um eine Größenordnung von der benötigten Schweißnahtgeometrie unterscheiden, ist eine zeitliche Leistungsmodulation über die gesamte Prozesszeit zur Erreichung einer kontinuierlichen Einschweißtiefe unerlässlich.

3.3.2 Wärmeleitung aufgrund der Schweißnahtgeometrie

Während des Schweißens mit örtlicher Leistungsmodulation in Bezug auf eine Überlagerung der linearen Vorschubbewegung mit einer kreisförmigen Oszillation findet eine Rückführung, der beim konventionellen Schweißen verlorenen Wärmeenergie, durch Ausnutzung von Wärmeleitungseffekten statt.

So dient beim konventionellen Linienschweißen lediglich die in Vorschubrichtung gerichtete Wärmeleitung zu einer Kompensation von möglichen Wärmeleitungsverlusten bei angenommener unveränderlicher Temperatur des Festkörpers. Die kreisförmige Oszillation und die dadurch resultierende spiralförmige Bahnbewegung des Laserstrahles erlaubt eine Wärmeleitung in den von der Bahnbewegung eingeschlossenem Bereich (s. Bild 29).

Bild 29: Energieverluste und wiedereingebrachte Energie beim Laserstrahl-Mikroschweißen mit und ohne örtlicher Leistungsmodulation

nach [HAE17a]

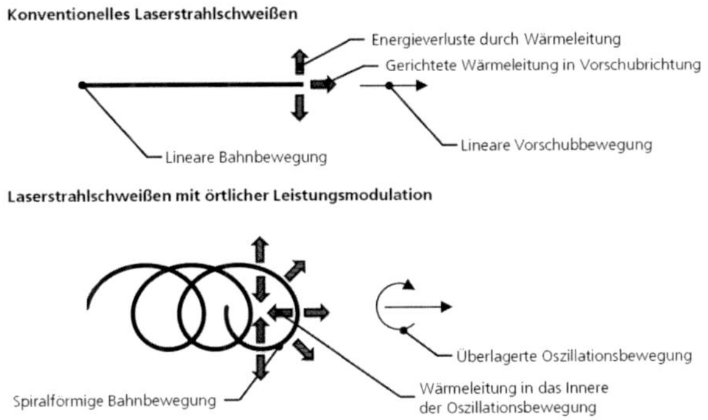

Beim Schweißen mit örtlicher Leistungsmodulation überfährt der Laserstrahl Bereiche der Oberfläche, die bereits durch Wärmeleitung auf eine höhere Temperatur gebracht wurden und somit zum Erreichen der schmelzflüssigen Phase weniger Energie benötigen. Dies führt insgesamt zu einer erhöhten Effizienz des Prozesses. Energie, die durch Wärmeleitung bei einem konventionellen Schweißprozess an das umliegende Material abgeben wird und damit verloren ist, wird beim Schweißen mit einer spiralförmigen Bahnbewegung dem Prozess teilweise wieder zugeführt. So führt die Wärmeleitung in das Innere der Oszillationsbewegung zu einer Erhöhung der thermisch eingebrachten Energie durch die erneute Überfahrt über bereits aufgeschmolzenem Material.

Für die Durchführung der nachfolgenden Bilder der Hochgeschwindigkeitsvideographie zur Betrachtung der Schmelzbadflächen und Wärmeleitungseffekte ist der in Bild 89 dargestellte Versuchsaufbau verwendet worden. Um eine ausreichende Belichtung während des Prozesses bei hohen Aufnahmefrequenzen zu erzielen werden zwei Diodenlaser Diolak 80 (s. Tab. 7) zur Beleuchtung eingesetzt. Als eigentlicher Bearbeitungslaser für den Schweißprozess dient ein Faserlaser der Firma SPI mit einer maximalen Ausgangsleistung von 400 W (s. Tab. 8). Der Bearbeitungslaserstrahl wird dabei mit einem ursprünglichen Rohstrahldurchmesser von 5 mm in einen zweifachen Aufweiter eingekoppelt. Der nachfolgende Galvanometerscanner realisiert die Oszillationsbewegung während der örtlichen Leistungsmodulation. Die lineare Bewegung wird durch eine Linearachse umgesetzt, die unter dem Galvanometerscanner verläuft. Eine Fokussieroptik mit einer Brennweite von f = 163 mm fokussiert den Strahl auf die zu bearbeitende Probe. Die Hochgeschwindigkeitskamera (Fastcam SA5, Photron) wird hierbei off-axis betrieben.

Bild 30: Schmelzbadausprägungen bei unterschiedlichen Wärmeleitungseigenschaften beim konventionellen Nahtschweißen

v_f = 75 mm/s

P_L = 320 W

d_f = 40 µm

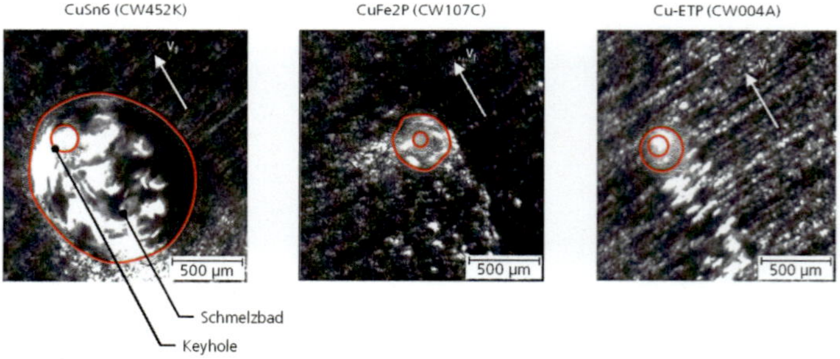

Bei der Betrachtung von unterschiedlichen Kupferlegierungen mit unterschiedlichen Wärmeleitfähigkeiten lässt sich dessen Einfluss auf die Schmelzbadausprägung darstellen (s. Bild 30). So zeigt sich, dass beim Schweißen von Materialien wie Cu-ETP mit einer hohen Wärmeleitfähigkeit ein kleineres Schmelzbad entsteht, als bei Verwendung von beispielsweise CuSn6, dessen Wärmeleitfähigkeit um den Faktor 5 größer ist.

3.3.3 Wärmeleitung innerhalb des Schmelzbades

Die Wärmeleitungseigenschaften innerhalb des Schmelzbades beeinflussen ebenfalls die Schmelzbaddynamik und –ausprägung. Beobachtungen mittels Hochgeschwindigkeitsvideographie beim Laserstrahl-Mikroschweißen von CuSn6 zeigen im Verlauf der überlagerten kreisförmigen Bewegungen unterschiedliche Bewegungsregime des Schmelzbades an der Oberfläche (s. Bild 31).

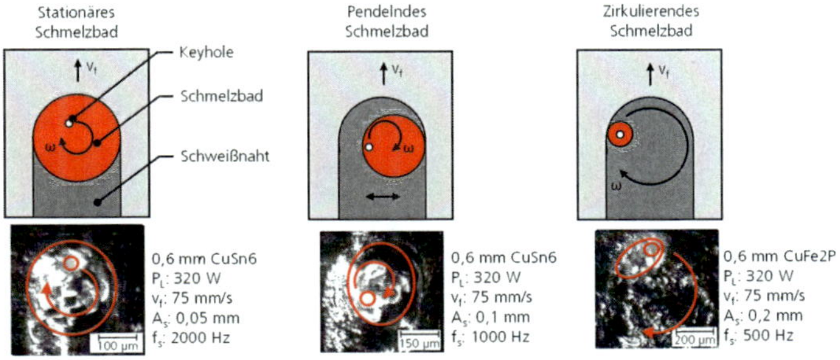

Bild 31: Unterschiedliche Bewegungsregime des Schmelzbades beim Tiefschweißprozess von CuSn6

[HAE17a]

Sowohl beim konventionellen Laserstrahlschweißen als auch unter Verwendung einer geringeren örtlichen Oszillationsamplitude zeigt sich ein Schmelzbad, welches sich im Ganzen mit der linearen Vorschubgeschwindigkeit v_f fortbewegt. Die beim Modulationsschweißen vorhandene oszillierende Dampfkapillare bewegt sich kontinuierlich und kreisförmig innerhalb des Schmelzbades. Der Schmelzbaddurchmesser an der Oberfläche entspricht in diesem Fall der Breite der resultierenden Schweißnaht ($b_S = b_N$). Bei Erhöhung der örtlichen Oszillationsamplitude kann beim Schmelzbad eine Relativgeschwindigkeit quer zur linearen Vorschubrichtung beobachtet werden. Das Schmelzbad verfällt daraufhin in einen pendelnden Bewegungszustand und folgt der Dampfkapillare über die Breite der Schweißnaht. Die Ausdehnung des Schmelzbades ist in diesem Fall kleiner als die der Schweißnahtbreite ($b_S < b_N$). Bei einer weiteren Erhöhung über den Bereich des Pendelns hinaus, folgt das Schmelzbad der oszillierenden Dampfkapillare. Das Schmelzbad durchläuft in diesem Regime die identische Bahnbewegung der Dampfkapillare, was ebenfalls zu einer Änderung der Schmelzbaddynamik führt ($b_S << b_N$). [HAE17a]

Die drei beschriebenen Bewegungsregime des Schmelzbades sind von den charakteristischen Größen des Prozesses abhängig. Die tendenziellen Einflüsse auf die Bewegungsregime des Schmelzbades während der örtlichen Leistungsmodulation im Rahmen der Experimente mit unterschiedlichen Kupferlegierungen (Cu-ETP, CuFe2P und CuSn6) sind in Tab. 5 aufgeführt.

Tab. 5: Tendenzielle Wirkung steigender Einflussgrößen auf das Bewegungsregime

Bewegungsregime / steigende Einflussgröße	stationär	pendelnd	zirkulierend
Wärmeleitfähigkeit (20°C)			
Leistung			
Oszillationsfrequenz			
Oszillationsamplitude			
Vorschubgeschwindigkeit			

So führt eine Erhöhung der Wärmeleitfähigkeit oder Reduzierung der Laserleistung im Allgemeinen zu einem reduzierten Schmelzbaddurchmesser, was der Bildung eines stationären Bewegungsregimes entgegenwirkt. Eine gesteigerte Oszillationsfrequenz oder erhöhte Leistung verschiebt das Bewegungsregime in Richtung eines stationären Schmelzbades.

Offensichtlich ist, dass diese Bewegungsregime nicht nur im Hinblick auf die Modifizierung der Parameter eine Änderung erfahren, sondern ebenfalls innerhalb der gesamten Prozessstrecke variieren. So findet während des Prozessstarts eines Laserstrahl-Mikroschweißprozesses mit örtlicher Leistungsmodulation stets nach Ausbildung des Keyholes ein zirkulierendes Bewegungsregime statt. Die genannten Einflussgrößen bestimmen daraufhin, ob dieses Bewegungsregime beibehalten wird oder ob weitere durchlaufen werden, bis ein konstantes Verhalten beobachtet werden kann.

Durch die Änderung der Parameter Oszillationsfrequenz und –amplitude lässt sich mit Hilfe der Auswertungen von Hochgeschwindigkeitsaufnahmen ein möglicher Verlauf der Bewegungsregime herleiten. Dieser ist in Bild 32 anhand von Blindschweißungen an CuSn6 dargestellt. Die Betrachtung der Bewegungsregime startet dabei ab einer Oszillationsfrequenz $f_s \geq 250$ Hz, da erst ab dieser Frequenz von einer spiralförmigen Oszillationsbewegung bei den vergleichsweise kleinen Amplituden ausgegangen werden kann.

Bild 32:
Tendenzieller Verlauf der Bewegungsregime des Schmelzbades in Abhängigkeit der Oszillationsfrequenz und der –amplitude von CuSn6

P_L = 320 W
v_f = 75 mm/s
d = 0,6 mm
[HAE17a]

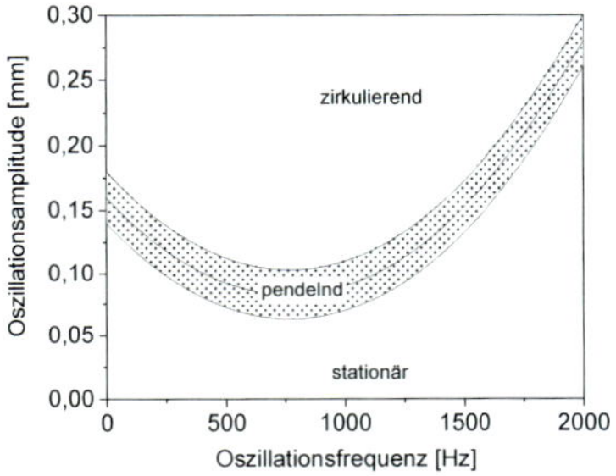

Die Bewegungsregime stationär und zirkulierend werden durch den Übergangsbereich des Pendelns unterschieden. Im Bereich kleiner Oszillationsfrequenzen wird das Bewegungsregime durch die Fläche des Schmelzbades bestimmt, welche ohne örtliche Leistungsmodulation auftreten würde. Ist der Radius des Schmelzbades kleiner als die Oszillationsamplitude, wird ein zirkulierendes Bewegungsregime beobachtet, andernfalls ein stationäres. Die Grenze zwischen stationären und zirkulierenden Bewegungsregime erreicht bei dem verwendeten Material und den Parametern ein Minimum bei einer Oszillationsfrequenz von 750 Hz, bis aufgrund der steigenden Bahngeschwindigkeiten auch bei größeren Oszillationsamplituden ein stationäres Bewegungsregime beobachtet werden kann. [HAE17a]

Die unterschiedlichen Schmelzbadregime führen im Gegensatz zum konventionellen Schweißen zu einer unterschiedlichen Schmelzbaddynamik bzw. zu unterschiedlichen dominanten Strömungsfeldern. Die Strömungsgeschwindigkeit v_k, die durch die Kapillarumströmung hervorgerufen wird, wird direkt von der Vorschubgeschwindigkeit v_f bzw. von der Bahngeschwindigkeit v_p beeinflusst (s. Bild 33).

Bild 33:
Unterschiede in der Strömungsgeschwindigkeit hervorgerufen durch die Kapillarumströmung bei verschiedenen Schmelzbadregimen

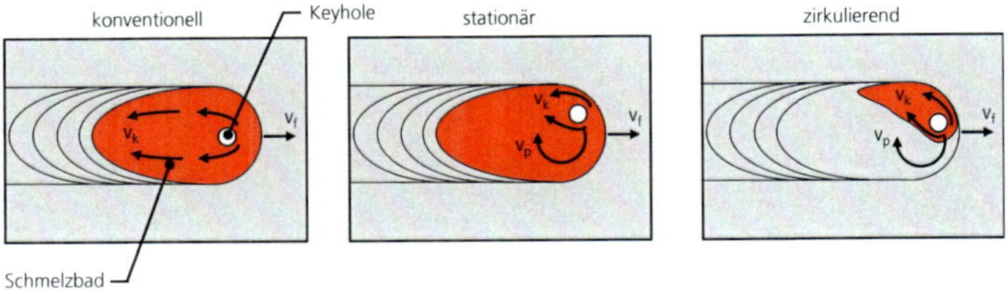

So führt beim konventionellen Laserstrahlschweißen die lineare Vorschubgeschwindigkeit v_f zur Ausprägung der Kapillarumströmung. Bei Verwendung eines stationären Schmelzbadregimes bewegt sich das Keyhole mit der im Gegensatz zum linearen Vorschub deutlich höheren Bahngeschwindigkeit durch das Schmelzbad. Dies führt demnach auch zu höheren Strömungsgeschwindigkeiten, welche aufgrund des stationären Verhaltens des Schmelzbades entlang des Bahnverlaufes des Laserstrahls kontinuierlich die Richtung wechseln, sodass innerhalb des Schmelzbades ein kreisförmiger Verlauf der Strömungsgeschwindigkeit entsteht. Beim zirkulierenden Schmelzbadregime bewegt sich das Schmelzbad im Gegensatz zum stationären Bewegungsregime mit der Bahngeschwindigkeit durch das feste Ausgangsmaterial.

4 Einfluss einer örtlichen Leistungsmodulation auf die Effizienz beim Laserstrahl-Mikroschweißen

Durch Verwendung einer örtlichen Leistungsmodulation zeigt sich eine Vergrößerung des Schmelzvolumens trotz konstanter zugeführter Energie im Vergleich zum konventionellen Laserstrahlschweißen. Im weiteren Verlauf der Arbeit ergibt sich daher folgende Definition zur Effizienz beim Laserstrahl-Mikroschweißen:

4.1 $$Effizienz = \frac{Schmelzvolumen}{zugeführte\ Energie}$$

Die zugeführte Energie beim konventionellen Schweißen und Schweißen mit örtlicher Leistungsmodulation ist bei konstanter Vorschubgeschwindigkeit v_f identisch. Folglich ist ein anderer physikalischer Effekt für die eigentliche Erhöhung der Effizienz verantwortlich. Nachfolgend wird das Schmelzbadverhalten sowie die Unterschiede in der Energieeinbringung beim Laserstrahlschweißen mit örtlicher Leistungsmodulation in Bezug auf die Änderung der Effizienz untersucht.

4.1 Schmelzbadverhalten bei Verwendung einer örtlichen Leistungsmodulation

Die in Kap. 3.3.3 vorgestellten einzelnen Bewegungsregime haben im Hinblick auf eine effektivere Ausnutzung der eingebrachten Wärmeenergien einen signifikanten Einfluss. So ist aufgrund der beschriebenen unterschiedlichen Wärmeübergangsmechanismen während des Schweißens mit örtlicher Leistungsmodulation eine differenzierte Betrachtung der Bewegungsregime erforderlich. Eine effektivere Ausnutzung der eingebrachten Wärmeenergie ist bei einem stationären Bewegungsregime vom konvektiven Wärmetransport innerhalb des Schmelzbades abhängig, während beim zirkulierenden Bewegungsregime die Wärmeleitung innerhalb der Bahnbewegung des Laserstrahls überwiegend durch festes Ausgangsmaterial stattfindet.

Zur Quantifizierung der dem Prozess zur Verfügung stehenden Energie wird im Weiteren eine Messung der Schmelzbadfläche an der Oberfläche der Schweißnaht durchgeführt. Der verwendete Versuchsaufbau ist in Kapitel 3.3.2 beschrieben. In Bild 34 ist beispielhaft eine Aufnahme gezeigt, um die zu messende Schmelzbadfläche zu verdeutlichen.

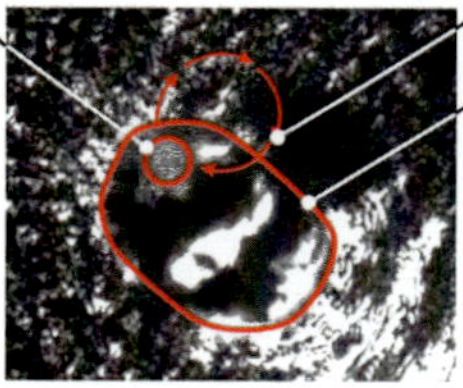

Bild 34: Einzelbild einer Hochgeschwindigkeitsaufnahme zur Bestimmung der Schmelzbadfläche

Die Schmelzbadfläche kann in Relation zu einem zeitlichen oder örtlichen Index (s. Bild 23) grafisch aufgetragen werden. Die Messung der Schmelzbadfläche erfolgt aufgrund der unregelmäßigen Reflexionen und nicht konstanten Belichtungsverhältnisse manuell. Zur Qualifizierung dieses manuellen Messverfahrens ist eine Bewertung der Messunsicherheit erfolgt, welche in Bild 90 dargestellt ist. Die maximale Abweichung vom Mittelwert beträgt bei dieser Messung ca. 3.67 %.

Die Messfrequenz steht im direkten Zusammenhang mit der Frequenz des zu messenden Signales nach dem Nyquist-Shannon-Abtasttheorem. Demnach muss ein auf f_{max} begrenztes zu messendes Signal mindestens mit $2 \cdot f_{max}$ abgetastet werden, um eine exakte Rekonstruktion zu erhalten. [PAR08, S.12-14] Durch die detaillierte Betrachtung der Schmelzbadfläche mit einer Abtastfrequenz von $12 \cdot f_s$ (s. Bild 91) ist zu erkennen, dass eine periodische Messung alle 90° den tatsächlichen Verlauf der Schmelzbadfläche wiedergibt. Dies entspricht dann einer Abtastfrequenz von $4 \cdot f_s$, womit das Nyquist-Shannon-Abtasttheorem erfüllt ist. Dadurch ergibt sich bei der Messung einer konventionellen Laserstrahlschweißung eine deutlich geringere Abtastfrequenz als bei Verwendung einer örtlichen Leistungsmodulation.

Bei Betrachtung der Schmelzbadfläche an der Oberfläche der Schweißnaht in Abhängigkeit zur Prozesszeit bei einem Laserstrahl-Mikroschweißprozess ohne örtliche Leistungsmodulation zeigt sich ein charakteristischer Verlauf, der sich in die Bereiche des Wachstums und des Gleichgewichts einteilen lässt (s. Bild 35 links).

Bild 35:
Analyse der Schmelzbadfläche an der Oberfläche der Schweißnaht beim konventionellen Laserstrahlschweißen und Verwendung einer örtlichen Leistungsmodulation

links: konventionell
rechts: örtliche Leistungsmodulation
[HAE17a]

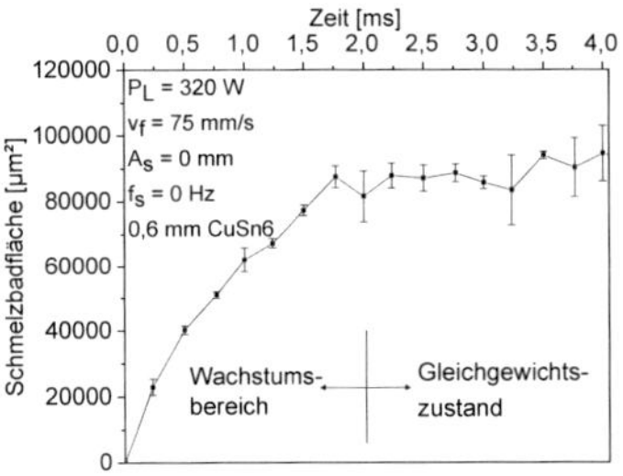

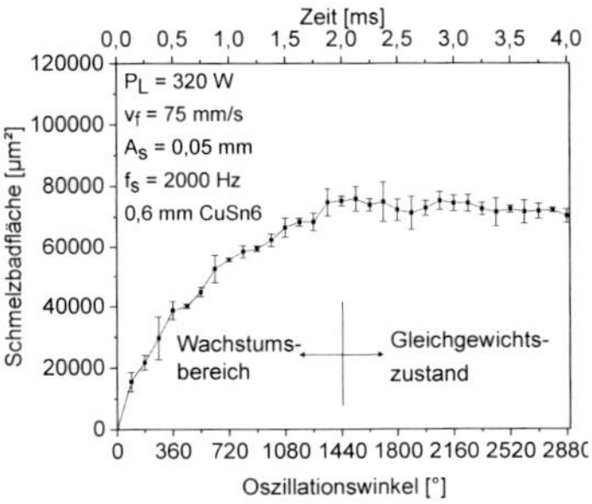

Der Wachstumsbereich erstreckt sich dabei über die ersten 2 ms der Prozesszeit bevor die Schmelzbadfläche einen Gleichgewichtszustand erreicht und sich im weiteren Verlauf annähernd konstant verhält. Der Verlauf der Schmelzbadfläche bei Verwendung einer örtlichen Leistungsmodulation (Bild 35 rechts) ähnelt trotz oszillierender Dampfkapillare und erhöhten Bahngeschwindigkeiten dem konventionellen Schweißprozess. Eine Änderung des Wachstumsbereiches ist ebenso wenig erkennbar wie eine erhöhte Schmelzbadfläche, die auf eine Änderung der Wärmemenge in dem Prozessregime hinweisen würde. Bei beiden in Bild 35 dargestellten Schmelzbadverläufen ist ein stationäres Bewegungsregime zu beobachten. [HAE17a]

Bild 36 zeigt den Verlauf des Schmelzbades beim Laserstrahl-Mikroschweißen der zwei Kupferbasislegierungen CuSn6 und Cu-ETP mit unterschiedlicher Wärmeleitfähigkeit (vgl. Tab. 2). Der Abfall in der Leitfähigkeit beträgt beim Vergleich von CuSn6 und Cu-ETP sowohl in elektrischer als auch in thermischer Hinsicht in etwa einen Faktor 5. Die resultierende Schmelzbadfläche im Gleichgewichtszustand ist bei CuSn6 um den Faktor 10 größer im Vergleich zu Cu-ETP.

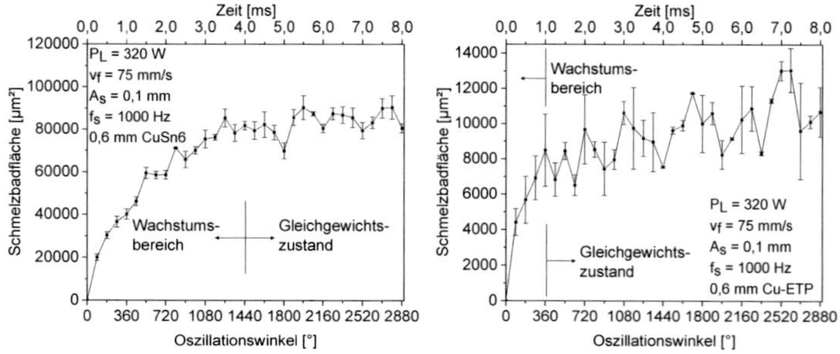

Bild 36:
Vergleich der Schmelzbadfläche an der Oberfläche der Schweißnaht beim Schweißen von Kupferbasislegierungen mit unterschiedlicher Wärmeleitfähigkeit

links: CuSn6
rechts: Cu-ETP

Weiterhin ist eine deutliche Reduzierung des Wachstumsbereiches des Schmelzbades beim Prozessstart von Cu-ETP zu erkennen. Während beim Schweißen von CuSn6 erst nach einer Prozesszeit von 4 ms ein Gleichgewichtszustand zu erkennen ist, benötigt der vergleichbare Prozess bei Cu-ETP eine Zeit von < 1 ms. Nichtsdestotrotz lässt sich bei Verwendung der Oszillationsparameter $A_s = 0{,}1$ mm und $f_s = 1$ kHz bereits eine sinusförmige Schwingung in der Schmelzbadfläche erkennen, welche bei Cu-ETP stärker ausgeprägt ist als bei CuSn6. Dieser Unterschied ergibt sich aus den unterschiedlichen Schmelzbadregimen, die sich aufgrund der Differenz in der Wärmeleitfähigkeit einstellen. So befindet sich der in Bild 36 (links) dargestellte Schweißprozess von CuSn6 im Übergangsbereich des pendelnden Schmelzbades, während sich der Schweißprozess von Cu-ETP deutlich im Bereich des zirkulierenden Bewegungsregimes bewegt.

Findet eine weitere Erhöhung der Oszillationsamplitude beim Schweißen von CuSn6 statt, so ändert sich das Bewegungsregime hin zu einem zirkulierenden Schmelzbad. Bild 37 zeigt die Schmelzbadfläche in Abhängigkeit der Zeit und des Oszillationswinkels beim Laserstrahl-Mikroschweißen von CuSn6.

Bild 37:
Schmelzbadfläche an der Oberfläche der Schweißnaht bei einem zirkulierenden Bewegungsregime beim Schweißen von CuSn6

[HAE17a]

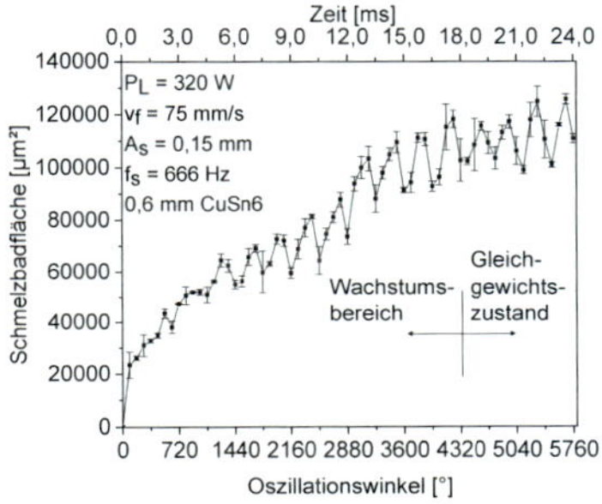

Stellt sich beim konventionellen Laserstrahlschweißen der Gleichgewichtszustand nach ca. 2 ms ein, so ist bei Verwendung einer örtlichen Leistungsmodulation mit zirkulierendem Bewegungsregime des Schmelzbades ein stark ausgeprägter Wachstumsbereich zu erkennen. Etwa 18 ms nach dem Prozessstart findet nur noch eine geringe Steigung der Schmelzbadfläche statt, die analog zu den bereits diskutierten Versuchen von einer kontinuierlichen Erwärmung der Probe während der Prozesszeit herrühren. Die Schmelzbadfläche im Gleichgewichtszustand steigt dabei im Vergleich zum stationären Schmelzbadregime um etwa 50 % auf 115 000 µm² an. Auffällig ist ebenfalls die Zirkulation der Schmelzbadfläche. So geht aus den Auswertungen hervor, dass das lokale Maximum der Schmelzbadfläche periodisch bei 90° - 180° auftritt und anschließend bei 270° wieder auf ein lokales Minimum absinkt. Aufgrund des zirkulierenden Verhaltens muss bei dieser Analyse jedoch beachtet werden, dass zwischen dem Flächenschwerpunkt des Schmelzbades und der dazugehörigen Winkelposition des Keyholes eine Phasenverschiebung auftritt. Die Schmelzbadbewegung für eine gesamte Oszillation ist dabei in Bild 38 dargestellt. [HAE17a]

Bild 38:
Phasenverschiebung des Keyholes zur Schmelze bei zirkulierendem Bewegungsregime von CuSn6

P_L: 320 W
v_f: 75 mm/s
A_s: 0,15 mm
f_s: 666 Hz
[HAE17a]

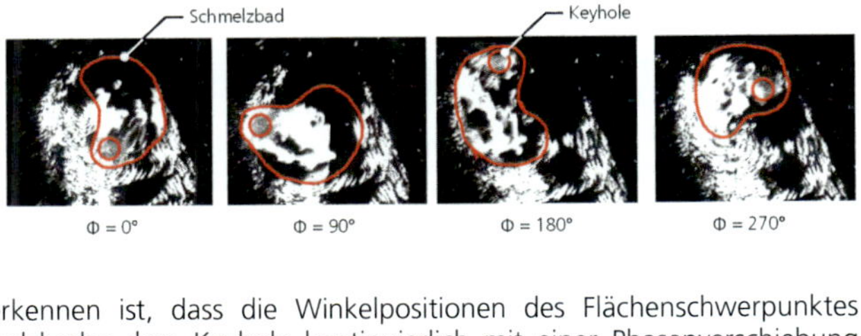

Zu erkennen ist, dass die Winkelpositionen des Flächenschwerpunktes des Schmelzbades dem Keyhole kontinuierlich mit einer Phasenverschiebung von ca. 90° folgen. Die lokalen Maxima entstehen hinsichtlich zweierlei Begünstigungen. Zum einen erreicht die Bahngeschwindigkeit im Winkelbereich zwischen 0° und 180° ein Maximum. Dies führt zu einer größeren Neigung des

Keyholes, was die Energieeinkopplung in den Fügeprozess begünstigt und zu größeren Schmelzbaddurchmessern an der Oberfläche, aber auch zu geringeren Einschweißtiefen führen kann. [CHA00] Zum anderen findet eine Energierückführung in Form von Wärmeleitungsprozessen statt. Das Überfahren von bereits aufgeschmolzenem Material im Winkelbereich $315° < \Phi < 45°$ führt zu einer Reduzierung der benötigten Energie zum Aufschmelzen des Materials. Dadurch kann die überschüssige Energie zur Vergrößerung des Schmelzbades genutzt werden. Analog dazu erfolgt eine Abkühlung des Schmelzbades in kälteren Bereichen bei $135° < \Phi < 225°$, was wiederum zu einem lokalen Minimum der Schmelzbadfläche führt. [HAE17a]

In Bild 39 ist der zeitliche Verlauf der Schmelzbadfläche bei einer vergrößerten Oszillationsamplitude $A_s = 0{,}3$ mm dargestellt. Zusätzlich sind zu ausgewählten einzelnen Messpunkten die Hochgeschwindigkeitsaufnahmen mit darin gekennzeichnetem Schmelzbad, Keyhole und Bewegungsrichtung aufgezeigt.

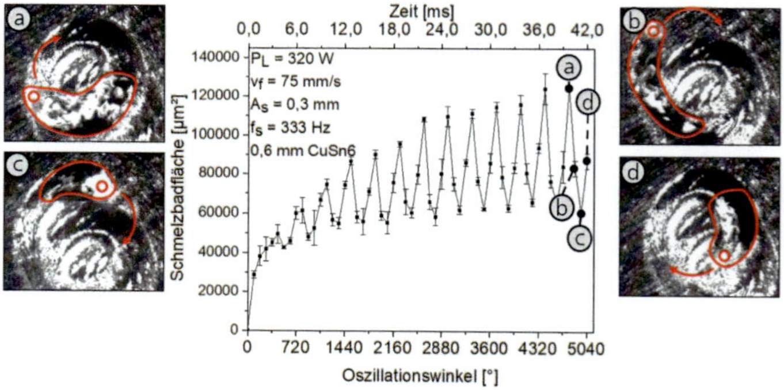

Bild 39: Schmelzbadfläche an der Oberfläche von CuSn6 in Abhängigkeit vom Oszillationswinkel bei zirkulierenden Bewegungsregime über der Zeit

Im Vergleich zu den Schweißungen mit einer geringeren Oszillationsamplitude ist der sinusförmige Verlauf deutlich ausgeprägter. Nach 12 Oszillationen bzw. 36 ms beträgt die Differenz zwischen maximaler und minimaler Schmelzbadfläche etwa 60 000 µm². Diese erhöhte Differenz lässt sich durch die geänderte Bahn des Schmelzbades aufgrund der größeren Oszillationsamplitude erklären. So durchläuft das Schmelzbad über eine längere Strecke erstmalig aufzuschmelzendes also kühleres Material, welches dem Schmelzbad zusätzliche Energie entzieht und in einer deutlich reduzierten mittleren Schmelzbadfläche resultiert. Der Vergleich der Messpunkte in Bild 30 (a) und (c) zeigt die Ausmaße der unterschiedlichen Schmelzbadfläche an Zeitpunkten, an denen kein Bahngeschwindigkeitsunterschied vorherrscht. Der Flächenunterschied kann dabei nur durch einen zusätzlichen Energieeintrag oder durch eine reduzierte benötigte Wärmemenge zum Aufschmelzen des Materials entstehen.

Die auftretenden Auslenkungen der Schmelzbadgeometrie lassen sich auch simulativ darstellen. Der Laserstrahl wird dabei als gaußförmige Wärmequelle angenommen. Zur Vereinfachung des Modells wird nur die Wärmeleitung im Feststoff simuliert und die Schmelzbadfläche mit Hilfe einer Isothermen bei $T = T_m$ dargestellt. Effekte die durch Konvektion, Impuls oder Massentransport hervorgerufen werden, werden vernachlässigt.

In Bild 40 sind die Ergebnisse der Simulation in Form der Darstellung der Schmelzbadfläche über die Zeit im Vergleich mit den experimentellen Versuchen dargestellt.

Bild 40:
Simulation der Schmelzbadfläche von CuSn6 in Relation zur Zeit

links: simulativ
rechts: experimentell
oben: stationäres Schmelzbadregime
unten: zirkulierendes Schmelzbadregime

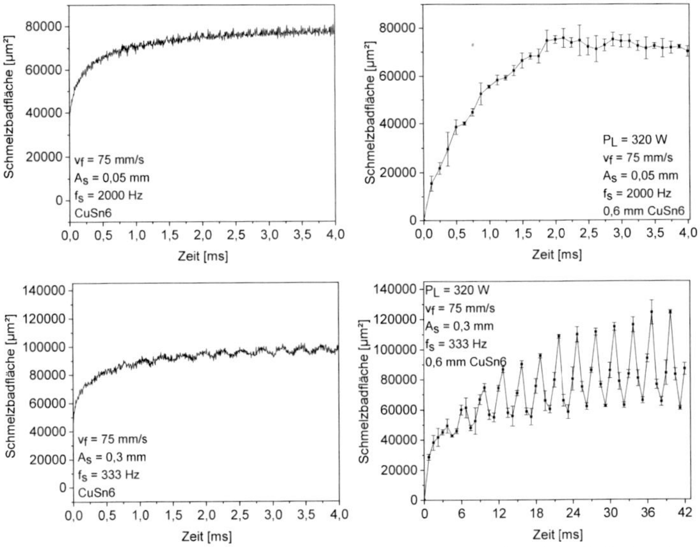

Die simulative Untersuchung mit einem stationären Schmelzbad (links oben) zeigt parallel zur dargestellten experimentellen Untersuchung (rechts oben) eine Wachstumsphase der Schmelzbadfläche beim Prozessstart, bis die Schmelzbadfläche in einen Gleichgewichtszustand übergeht und annähernd konstant bleibt. Die Simulation bei Verwendung von Parametern, welche zu einem zirkulierenden Schmelzbad führen (links unten), ähnelt ebenfalls den experimentellen Untersuchungen (rechts unten). Auch hier ist ein sinusförmiger Verlauf der Schmelzbadfläche erkennbar, welcher identisch zur Frequenz der örtlichen Leistungsmodulation ist, auch wenn die Amplitude, mit der sich die Schmelzbadfläche ändert, in den experimentellen Untersuchungen deutlich größer ist. Die Simulationsergebnisse zeigen allerdings, dass die Variation der Schmelzbadfläche hauptsächlich von der Wärmeleitung und weniger von den Einkoppelbedingungen aufgrund der unterschiedlichen Temperatur oder der Dampfkapillarneigung beeinflusst wird. Während der Simulation ist zum einen die Energieeinbringung durch die Wärmequelle und die Materialparameter über die Zeit und Temperatur konstant, sodass die Ergebnisse lediglich auf Basis der allgemeinen Wärmeleitung entstanden sind.

Auffällig bei der Simulation ist die bei beiden Parametern deutlich verkürzte Wachstumsphase der Schmelzbadfläche. Die experimentellen Untersuchungen zeigen, dass der Fügeprozess 1 ms bis 6 ms benötigt, um in einen Gleichgewichtszustand mit annähernd konstanter Schmelzbadfläche überzugehen. Da die Simulation auf einer adiabaten Prozessumgebung basiert, reduzieren sich sämtliche Wärmeleitungsverluste an die Umgebung, die eine Aufwärmung des betrachteten Werkstücks zeitlich verlängern würden. Der Wachstumsbereich der Schmelzbadfläche an der Nahtoberfläche der experimentellen Versuche ist sowohl von der Wärmeleitfähigkeit, als auch von dem bestehenden Bewegungsregime des Schmelzbades abhängig. Eine höhere Wärmeleitfähigkeit führt zu einer schnelleren Ableitung der Wärmeleitungs-verluste in das Bauteil, sodass bei einer niedrigeren Wärmeleitfähigkeit die kontinuierliche Erwärmung im Bereich der Fügezone auch über einen längeren Zeitraum stattfindet. Das zirkulierende Schmelzbadregime nutzt aufgrund der Bahnbewegung des Laserstrahls bereits in das Bauteil eingebrachte Wärme, welche in der nachfolgenden Oszillation zu einer größeren Energiemenge im Schmelzprozess führt und sich in einer größeren Schmelzbadfläche manifestiert. Dieser Erwärmungsprozess wiederholt sich bei jeder Oszillation und führt schlussendlich zu der beobachteten längeren Wachstumsphase der Schmelzbadfläche, bis die zusätzlich aufgenommene Wärmeenergie die eigentlichen Verluste durch Wärmeleitung, -strahlung oder Konvektion nicht mehr ausgleichen kann.

4.2 Unterschiede in der Energieeinbringung beim Tiefschweißen mit Laserstrahlung[1]

Bei der Verwendung einer örtlichen Leistungsmodulation können unterschiedliche Prozessbedingungen während der eigentlichen Bahnbewegung zu einer Änderung der Energieeinbringung führen. Bei der Verwendung einer örtlichen Leistungsmodulation mit einer kreisförmigen Überlagerung der linearen Vorschubbewegung sind zwei Einflussfaktoren dominierend.

Zum einen finden aufgrund der unterschiedlichen Bahngeschwindigkeiten des Keyholes eine Änderung des Kapillarwinkels und somit auch eine Änderung der Summe an absorbierter Energie statt. Zum anderen durchläuft das Keyhole mit

[1] Die Ergebnisse in diesem Kapitel nehmen Bezug auf die Masterarbeit von Jan Hubertus Conzen: Energieeinbringung beim Laserstrahl-Mikroschweißen unter Berücksichtigung von örtlich und zeitlich angepasster Energiedeposition. Angefertigt am 29.03.2018. Betreuender Professor: Prof. Dr. rer. nat. Peter Loosen; Wissenschaftlicher Betreuer: André Häusler, M.Sc. – RWTH Aachen University

dem dazugehörigen Schmelzbad auf seiner Bahnbewegung Bereiche mit unterschiedlicher Temperatur. Aufgrund der temperaturabhängigen Materialeigenschaften Absorption, Wärmeleitung und Wärmespeicherkapazität ist in Relation zur umgebenden Bauteiltemperatur auch mit einer Änderung der Energieeinbringung zu rechnen. Um eben diese Änderungen in der Energieeinbringung quantitativ zu erfassen, ist aufgrund der multiplen Wechselwirkungen zwischen Licht und Materie während des Laserstrahltiefschweißens eine temperaturaufgelöste Betrachtung der einfachen Absorptionsvorgänge nicht mehr ausreichend. Vielmehr wird eine Messtechnik benötigt, welche die gesamte eingebrachte Energie in den Fügeprozess zeitlich und örtlich aufgelöst darstellt.

Im nachfolgenden Kapitel wird zum einen auf die Systemtechnik zum Messen der orts- und zeitaufgelösten Energieeinbringung und zum anderen auf die Ergebnisse der daraus resultierenden optischen Messung eingegangen.

4.2.1 Systemtechnik zur optischen Messung der Energieeinbringung

Eine optische Messung der Energieeinbringung beim Laserstrahlschweißen zur quantifizierbaren Analyse von Reflexion, Absorption und Transmission ist durch die Verwendung von Ulbricht-Kugeln grundsätzlich möglich. Eine Ulbricht-Kugel beschreibt eine Sphäre, die auf der innenliegenden Fläche eine diffus reflektierende Beschichtung besitzt, welche für den Wellenlängenbereich eine geringe Absorption ($A < 1$ %) aufweist. Daher ist nach multiplen Reflexionsvorgängen innerhalb der Ulbricht-Kugel die homogene Strahlungsintensität I_h an deren inneren Oberfläche homogen verteilt. Zur Messung dieser homogenen Strahlungsintensität bietet sich die Verwendung einer Photodiode in Verbindung mit der Ulbricht-Kugel an. Ein direkter Einfall von gerichteter Laserstrahlung auf die Photodiode kann dabei durch abschirmende Blenden verhindert werden, welche aber eine identische Beschichtung aufweisen, wie die innenliegende Fläche der Ulbricht-Kugel.

Das Prinzip zur Messung der Energieeinbringung beim Laserstrahltiefschweißen basiert auf der Vernachlässigung von transmittierender Strahlung und der Berechnung der gesamten reflektierten Energie des Fügeprozesses. Der Schweißprozess findet dabei innerhalb der Ulbricht-Kugel statt, sodass der Großteil der reflektierten Strahlung detektiert werden kann.

Aus dem proportionalen Zusammenhang zwischen homogener Strahlungsintensität I_h und dem gemessenen Spannungssignal der Photodiode U_D

4.2 $$U_D \propto I_h \propto P_R = R \cdot P_L$$

U_D: Spannung am Detektor [V]; I_h: homogene Strahlungsintensität [W/cm²]; P_R: Reflektierte Laserleistung [W]; P_L: Laserleistung [W]; R: Reflexionsgrad [-]

können nach geeigneter Kalibrierung der reflektierte Strahlungsanteil R und die reflektierte Leistung P_R bestimmt werden.

Die Verwendung einer einzelnen Ulbricht-Kugel hat den Nachteil, dass gerichtete reflektiere Laserstrahlung aus der Kugel austreten kann, ohne dass diese im Vorhinein zu einer Erhöhung der inneren Strahlungsintensität führen konnte. Diese ungemessene Strahlung wird in Richtung der Fokussieroptik reflektiert und trägt nicht mehr zum Reflexionsgrad bei. Zur Bestimmung des gesamten Energieeintrages während eines Laserstrahlschweißprozess ist die Kombination aus zwei Ulbricht-Kugeln mit einem Strahlteiler in Bild 41 dargestellt.

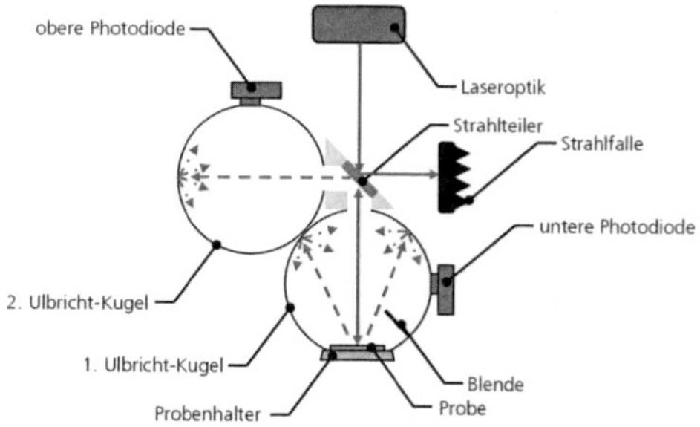

Bild 41: Aufbau zur optischen Messung der Energieeinbringung mittels zweier Ulbricht-Kugeln

[CON18]

Die Probe wird dabei mit einer Probenhalterung von unten in der ersten Ulbricht-Kugel platziert. Diese Positionierung ermöglicht die Berücksichtigung der gesamten reflektierten Strahlung beim Schweißen, mit Ausnahme des Anteils, der koaxial durch die Eintrittsöffnung des Laserstrahls zurückreflektiert wird. Die Messung der diffus reflektierten Strahlung in der unteren und oberen Ulbricht-Kugel erfolgt durch jeweils eine Photodiode. Das direkte Auftreffen der reflektierten Strahlung auf die Photodiode wird durch eine Blende in der unteren Ulbricht-Kugel verhindert. Zur Berücksichtigung der koaxial reflektierten Strahlung wird ein Strahlteiler mit einem Transmissionsgrad von 90 % und einem Reflexionsgrad von 10 % in den Strahlengang an der oberen Öffnung angebracht. Dieser Strahlungsanteil kann über die zweite Ulbricht-Kugel, die im 90°-Winkel zur Eintrittsöffnung platziert ist, ermittelt werden.

Um die Leistung P_R des beim Schweißen reflektierten Strahlungsanteils R zu bestimmen, muss der proportionale Zusammenhang zwischen dem reflektierten Anteil der Laserleistung P_R und der Diodenspannungen U_D ermittelt werden. Die dazu benötigte Kalibration der Photodioden erfolgt mittels der Nachstellung eines total reflektierenden Prozesses. Dazu wird innerhalb der ersten Ulbricht-Kugel ein Spiegel anstelle der Probe eingesetzt und der Versuchsaufbau kalibriert. Zur Kalibrierung der Ulbrichtkugeln bei diffuser Reflexion wird dieser Spiegel zusätzlich um einen Winkel von 15°geneigt.

Die Leistung, die im Versuchsaufbau zur Messung der reflektierten Strahlung für das Schweißen zur Verfügung steht, ist um die Strahlungsverluste am Strahlteiler und am eingesetzten Spiegel reduziert.

Zur Kalibrierung des Messaufbaus werden folgende Messreihen durchgeführt:

1. Messung der Diodenspannung in der oberen Ulbrichtkugel bei senkrecht reflektierender Strahlung

2. Messung der Diodenspannung in der unteren Ulbrichtkugel bei diffuser Reflexion

3. Messung der Diodenspannung in der oberen Ulbrichtkugel bei diffuser Reflexion

Die linearen Abhängigkeiten der unteren (i = 1) und der oberen Ulbrichtkugel (i = 2) bei senkrechter (j = 1) und diffuser Reflexion (j = 2) lassen sich in der Form

4.3 $$P_L(U_{D,i}) = A_{i,j} \cdot U_{D,i} \quad i,j = \{1,2\}$$

$U_{D,i}$: Spannung am Detektor [V]; $A_{i,j}$: Steigung der linearen Anpassung [W/V];
P_L: Laserleistung [W]

darstellen. Da für die Kalibrierung bei diffuser Reflexion in dieser Versuchsanordnung

4.4 $$U_{D,2} \propto P_R \propto U_{D,1}$$

$U_{D,1}$: Spannung am Detektor der unteren Ulbrichtkugel [V]; $U_{D,2}$: Spannung am Detektor der oberen Ulbrichtkugel [V]; P_R: Reflektierte Laserleistung [W]

gilt, werden die beiden gemessen Spannung ebenfalls mit

4.5
$$U_{D,2}(U_{D,1}) = A_{2,2} \cdot U_{D,1}$$

$U_{D,1}$: Spannung am Detektor der unteren Ulbrichtkugel [V]; $U_{D,2}$: Spannung am Detektor der oberen Ulbrichtkugel [V]; $A_{2,2}$: Steigung der linearen Anpassung bei diffuser Reflexion [W/V]

in Zusammenhang gesetzt. Aus den durchgeführten Kalibrationen kann nun mit Hilfe der Gleichung

4.6
$$P_R(U_{D,1}, U_{D,2}) = A_{1,2} \cdot U_{D,1} + A_{2,1} \cdot (U_{D,2} - U_{D,1} \cdot A_{2,2})$$

P_R: Reflektierte Laserleistung [W]; $U_{D,1}$: Spannung am Detektor der unteren Ulbrichtkugel [V]; $U_{D,2}$: Spannung am Detektor der oberen Ulbrichtkugel [V]; $A_{1,2}$: Steigung der linearen Anpassung bei diffuser Reflexion der unteren Ulbrichtkugel [W/V]; $A_{2,1}$: Steigung der linearen Anpassung bei senkrechter Reflexion der oberen Ulbrichtkugel [W/V]; $A_{2,2}$: Steigung der linearen Anpassung bei diffuser Reflexion der oberen Ulbrichtkugel [W/V]

der reflektierte Anteil an der Laserleistung während des Schweißprozesses berechnet werden.

4.2.2 Auswirkungen auf die Energieeinbringung durch Verwendung einer örtlichen Leistungsmodulation

Der in Kapitel 4.2.1 beschriebene Messaufbau wird nun verwendet, um die Energieeinbringung während des Laserstrahltiefschweißens mit Verwendung einer örtlichen Leistungsmodulation örtlich und zeitlich aufgelöst darzustellen und diese in Zusammenhang mit den Ergebnissen der größer werdenden Schmelzbadfläche aus Kapitel 4.1 zu setzen.

In Bild 42 ist beispielhaft der Einkoppelgrad beim konventionellen Laserstrahl-Mikroschweißen von CuSn6 und CuFe2P über der Zeit dargestellt. Die nachfolgenden Messungen entsprechen dem repräsentativen Verlauf der jeweiligen Parametervariation. Aufgrund der prozessbedingten großen Streuung des Einkoppelgrades zwischen zwei Versuchen bei konstanten Parametern, führt eine Darstellung der Standardabweichung durch Fehlerbalken zu einer eventuell missverständlichen Interpretation der Ergebnisse.

Beide Verläufe der Einkoppelgrade unterliegen zeitlichen Schwankungen im Bereich von ± 4 %. Dabei kann bei der Verwendung von CuSn6 nach Ausbildung der Dampfkapillare ein annähernd konstanter Einkoppelgrad beobachtet werden, der nur leichten Schwankungen unterliegt. Die einzige größere Schwankung bei CuSn6 besteht in einer Abnahme um 20% auf einen Einkoppelgrad von 60 % bei einer Zeit von ungefähr 0,115 s. Diese Schwankungen sind auf Prozessinstabilitäten (Porenbildung, Spritzer, Auswürfe o.ä.) zurückzuführen. Ein stabiler Tiefschweißprozess wird bei den Versuchen mit

CuSn6 innerhalb von 100 µs erreicht und der gemessene Einkoppelgrad ist nach 1 – 2 ms nahezu konstant.

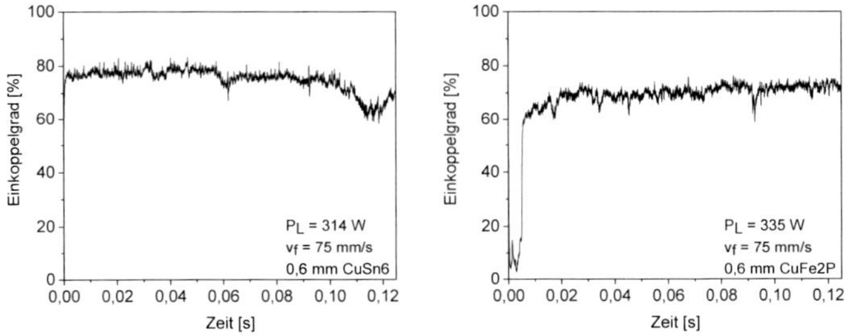

Bild 42:
Zeitlicher Verlauf des Einkoppelgrades beim konventionellen Schweißen ohne Leistungsmodulation

links: CuSn6
rechts: CuFe2P

Die Versuche mit CuFe2P führen zu Beginn des Schweißprozesses, aufgrund des hohen Reflexionsgrades und die im Vergleich zu CuSn6 höhere Wärmeleitfähigkeit, zu einer verspäteten Bildung einer Dampfkapillare. So entspricht der gemessene Einkoppelgrad am Anfang der Schweißung, aufgrund des sich einstellenden Wärmeleitungsschweißprozesses, dem Absorptionsgrad von CuFe2P mit 3 % bis 6 % und steigt nur bei einem kurzzeitigen Aufschmelzen auf 15 % an. Ein stabiler Tiefschweißprozess wird erst nach 5 ms etabliert. Insgesamt ist beim Vergleich der Materialien der Einkoppelgrad von CuFe2P aufgrund der höheren Wärmeleitfähigkeit und des höheren Reflexionsgrades um etwa 10 % geringer.

In Bild 43 sind die gemittelten Einkoppelgrade der Versuche zur Messung der reflektierten Strahlung bei jeweils 3 Schweißungen von CuSn6 und CuFe2P dargestellt. Der dabei betrachtete und gemittelte Zeitraum des Schweißprozesses liegt zwischen dem Start des Tiefschweißprozesses und 0,133 s. Beim konventionellen Laserstrahlschweißen ohne Leistungsmodulation von CuSn6 beträgt der Einkoppelgrad 76,9 % ± 0,81 %. Bei der örtlichen Leistungsmodulation kann eine quasi lineare Abnahme des Einkoppelgrades mit zunehmender Amplitude und abnehmender Frequenz von 77,0 % ± 0,3 % bei A_s = 0,05 mm und f_s = 2000 Hz auf 67,3 % ± 0,4 % bei A_s = 0,2 mm und f_s = 500 Hz beobachtet werden. Beim zirkulierenden Schmelzbad wird trotz größeren aufgeschmolzenen Volumens weniger Energie eingekoppelt als beim stationären Schmelzbad, bzw. beim konventionellen Schweißen.

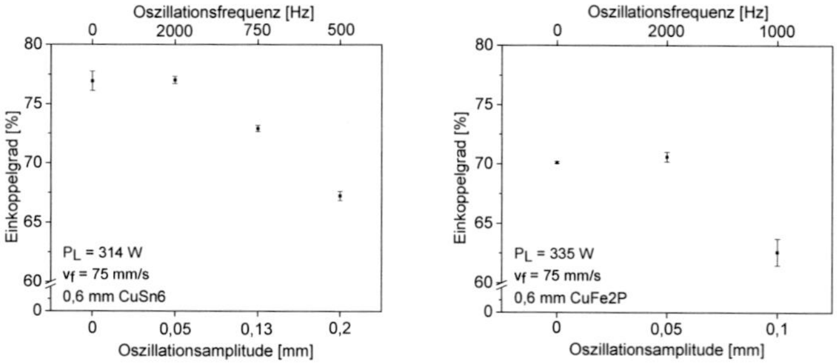

Bild 43:
Gemittelte Einkoppelgrade bei unterschiedlichen Schmelzbadregimen

links: CuSn6
rechts: CuFe2P

Der Einkoppelgrad für das konventionelle Schweißen von CuFe2P ist in Bild 43 (rechts) dargestellt und mit 70,1 % ± 0,1 % um 6,8 % niedriger als bei CuSn6. Die Ursachen sind der geringere Absorptionsgrad und die höhere Wärmeleitfähigkeit von CuFe2P im Vergleich zu CuSn6. Diese absolute Differenz ist auch bei den Messungen mit einer örtlichen Leistungsmodulation im stationären Schmelzbadregime zu beobachten. Bei der örtlichen Leistungsmodulation ist ebenfalls ein ähnliches Verhalten wie bei den Messungen von CuSn6 zu erkennen. So beträgt der Einkoppelgrad bei der örtlichen Leistungsmodulation mit A_s = 0,05 mm und f_s = 2000 Hz 70,6 % ± 0,4 % und 62,6 % ± 1,1 % bei A_s = 0,1 mm und f_s = 500 Hz. Wie auch bei CuSn6 ist der Einkoppelgrad bei CuFe2P im zirkulierenden Schmelzbad geringer als beim stationären Schmelzbad bzw. beim konventionellen Schweißen. Verglichen mit den Ergebnissen aus den Messungen der Schmelzbadfläche an der Oberseite führt ein größeres Schmelzbad zu einem geringeren Einkoppelgrad.

Der zeitliche Verlauf des Einkoppelgrades beim Schweißen mit örtlicher Leistungsmodulation entspricht im stationären Schmelzbadregime, also bei kleinen Oszillationsamplituden, dem Verlauf einer Schweißung ohne Leistungsmodulation (siehe Bild 44). Bei CuFe2P können dabei in der Vergrößerung Bereiche des Einkoppelgrades identifiziert werden, die mit der Frequenz der örtlichen Leistungsmodulation oszillieren. Die Schwankung der eingebrachten Leistung beträgt in diesen Bereichen ± 7 W.

Bild 44:
Zeitlicher Verlauf des Einkoppelgrades beim Schweißen mit örtlicher Leistungsmodulation im stationären Schmelzbadregime

CuSn6:
$P_L = 314$ W
CuFe2P:
$P_L = 335$ W

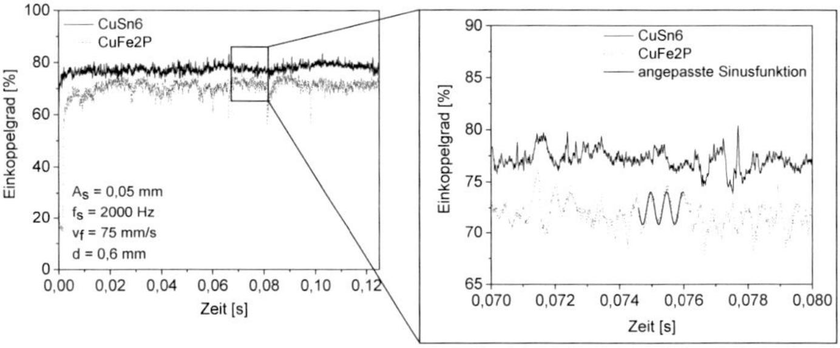

Deutlich verstärkt tritt dieser Effekt bei größeren Oszillationsamplituden $A_S = 0{,}1$ mm und kleineren Frequenzen $f_s = 1000$ Hz auf, also im zirkulierenden Schmelzbadregime. Die Amplitude des sinusförmigen Einkoppelgrades steigt bei CuFe2P dabei auf ± 8,5 % (28,5 W) an. Im zirkulierenden Schmelzbadregime kann dieses Verhalten auch bei CuSn6 und vergleichsweise kleinen Oszillationsamplituden $A_S = 0{,}05$ mm beobachtet werden (siehe Bild 45). Dabei steigt die Amplitude der Modulation der absorbierten Leistung nach der Etablierung eines stabilen Tiefschweißprozesses auf ± 22 W (7 %) an.

Bild 45:
Zeitlicher Verlauf des Einkoppelgrades beim Schweißen mit örtlicher Leistungsmodulation im zirkulierenden Schmelzbadregime

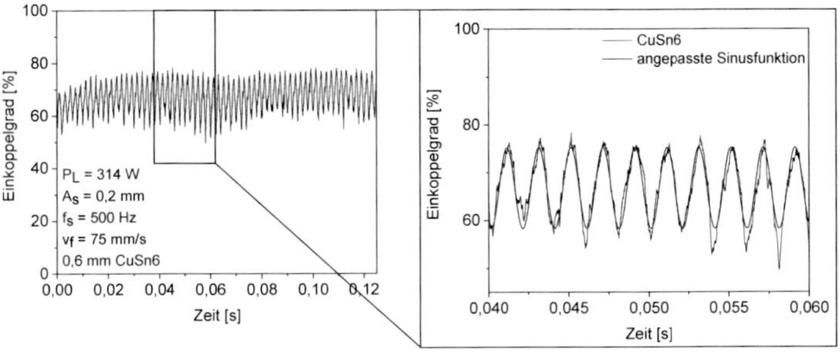

Zur Untersuchung der Ursache der sinusförmigen Schwankung der Energieeinkopplung beim zirkulierenden Schmelzbad wird der Einkoppelgrad entlang der Bahntrajektorie betrachtet (siehe Bild 46). Dabei ist der Einkoppelgrad bei etwa 0° mit 60 % am niedrigsten. In Bewegungsrichtung steigt der Einkoppelgrad bis zu einem Winkel von etwa 180° auf 76 % an und nimmt dann bis zu einem Winkel von 0° wieder ab.

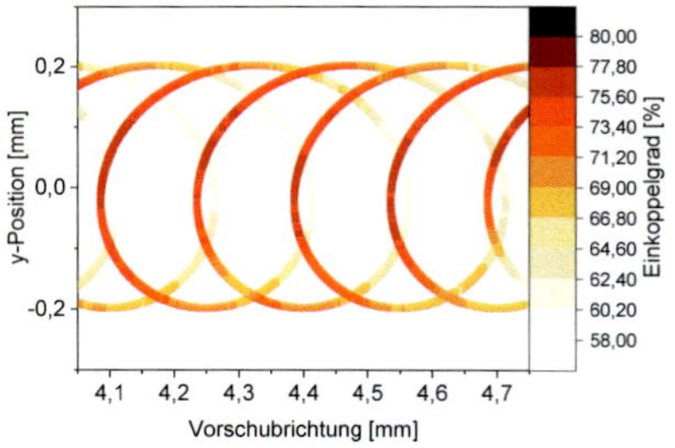

Bild 46:
Örtlicher Verlauf des Einkoppelgrades beim Schweißen mit örtlicher Leistungsmodulation im zirkulierenden Schmelzbad

0,6 mm CuSn6
P_L = 314 W
v_f = 75 mm/s
f_s = 500 Hz
A_s = 0,2 mm

Im Bereich der geringen Energieeinkopplung ($\Phi \approx 0°$) wird zunächst Wärme benötigt, um das Material erstmalig aufzuschmelzen bzw. zu verdampfen. Dadurch sinkt die Prozesstemperatur und weniger Energie wird aufgrund des temperaturabhängigen Absorptionsgrades eingekoppelt. Der Bereich hoher Energieeinkopplung ($\Phi \approx 180°$) entspricht dem Bereich der Überlappung, in dem das Material bereits aufgeschmolzen war und wieder erstarrt ist. Dadurch findet sich in diesem Bereich eine höhere Temperatur als im Bereich des unbehandelten Materials und mehr Energie wird eingekoppelt. Die Geschwindigkeit hat dabei keinen signifikanten Einfluss auf den Einkoppelgrad. So entspricht der Einkoppelgrad zum Zeitpunkt der niedrigsten Geschwindigkeit bei 90° in etwa dem Einkoppelgrad bei 270° zum Zeitpunkt der höchsten Geschwindigkeit (≈ 69 %).

Der wesentliche Unterschied im Verlauf des Einkoppelgrades vom zirkulierenden gegenüber dem stationären Schmelzbadregime ist somit der Wechsel im Überfahren bereits aufgeschmolzener und nicht aufgeschmolzener Bereiche. Im stationären Schmelzbad wird dagegen stets in flüssiges Material eingekoppelt. Da der Absorptionsgrad zudem im schmelzflüssigen Zustand größer ist, werden im Mittel höhere Einkoppelgrade erzielt. Da zwischen einem stationären Schmelzbadregime und einer konventionellen Schweißung kein signifikanter Unterschied des Einkoppelgrades erkennbar ist, nehmen die Bahngeschwindigkeit und die damit verbundene veränderte Neigung des Keyholes keinen Einfluss auf den Einkoppelgrad. Eine vereinfachte Darstellung des örtlich aufgelösten Einkoppelgrades für ein zirkulierendes Schmelzbadregime ist in Bild 47 (links) dargestellt. So zeigt diese Abbildung den Verlauf des Einkoppelgrades entlang einer Oszillationsperiode, wobei dieser über mehrere Oszillationen gemittelt ist. Dadurch wird der Einfluss von Schweißfehlern und eines möglichen Temperaturanstieges während des Schweißprozesses reduziert.

Bild 47:
Relativer Verlauf des Einkoppelgrades und der lokalen Streckenenergie beim Schweißen mit örtlicher Leistungsmodulation

0,6 mm CuSn6
P_L = 314 W
v_f = 75 mm/s
f_s = 500 Hz
A_s = 0,2 mm

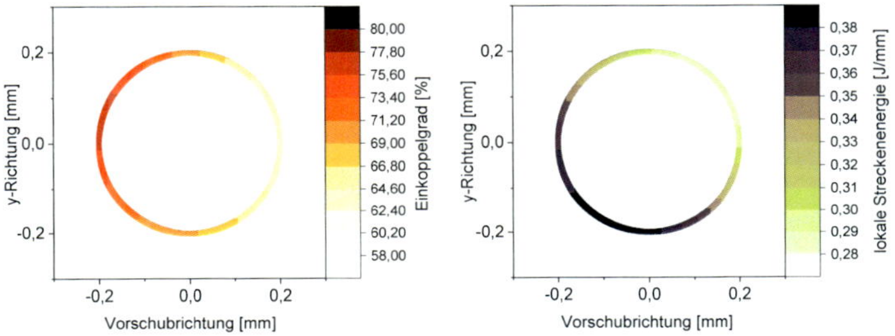

Aus diesem Verlauf lässt sich auch die gemittelte lokale Streckenenergie als eingekoppelte Leistung über die Geschwindigkeit berechnen (siehe Bild 38 rechts). Durch die Überlagerung des lokalen Einkoppelgrades $E_{s,lokal}$ mit der lokalen Bahngeschwindigkeit v_p verschieben sich die Minima und Maxima. Die größte lokale Streckenenergie beträgt 0,386 J/mm ± 0,015 J/mm bei einem Winkel von 137° ± 5° und die kleinste lokale Streckenenergie beträgt 0,281 J/mm ± 0,015 J/mm bei einem Winkel von 293° ± 5°. Diese Ergebnisse bestätigen die Beobachtungen der Hochgeschwindigkeitsaufnahmen an der Oberfläche, wonach die größten Schmelzbadflächen weder am Punkt der größten Bahngeschwindigkeit noch der höchsten Temperatur zu beobachten ist (Bild 30), sondern zwischen diesen Zuständen. Zum Ausgleich des Streckenenergieunterschiedes ist also eine genaue Kenntnis des Bahnverlaufes und damit der Bahngeschwindigkeit als auch der Energieeinbringung von Nöten.

4.3 Beeinflussung der Effizienz durch Steuerung der Wärmeleitung und Energieeinbringung

Die Auswertungen zeigen, dass beim Schweißen mit örtlicher Leistungsmodulation, abhängig von den Versuchsparametern, große Unterschiede in der Schmelzbadfläche innerhalb einer Oszillation auftreten. Wie an den Querschliffen zu erkennen ist, spiegeln sich diese Unterschiede auch in der Nahtquerschnittsfläche wider. So lässt sich ein direkter Zusammenhang zwischen den Maxima der Schmelzbadflächen und den Nahtquerschnittsflächen beobachten. Diese Abhängigkeit ist in Bild 48 anhand der Blindnahtschweißungen von CuSn6 und CuFe2P dargestellt. Hierbei wurden pro Parameter jeweils drei Versuche für die Auswertung herangezogen. Die Verbindungslinien zwischen den Messpunkten dienen der Kenntlichmachung der Zugehörigkeit.

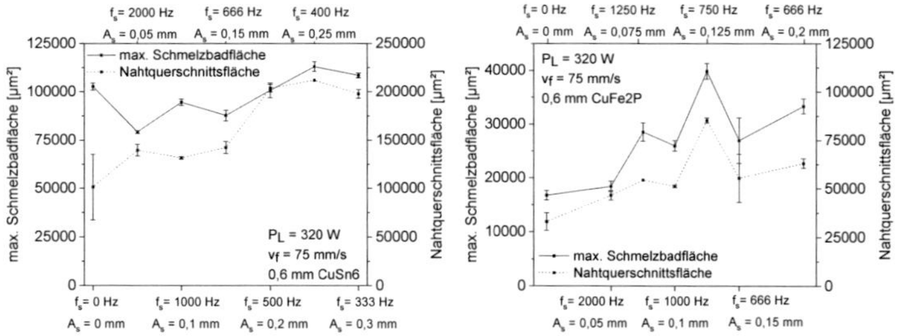

Bild 48: Gegenüberstellung der maximalen Schmelzbadfläche und Nahtquerschnittsfläche

Bei den Blindschweißungen von CuSn6 lässt sich erkennen, dass der Verlauf der maximalen Schmelzbadfläche und der Nahtquerschnittsfläche in Abhängigkeit der Parameter der örtlichen Leistungsmodulation sehr ähnlich ist. So schwanken beide Graphen um einen konstanten Wert, bis bei $A_s = 0{,}2$ mm ein deutlicher Anstieg in der maximalen Schmelzbadfläche und im Nahtquerschnitt zu beobachten ist, der dann weiterhin konstant verläuft.

Der Zusammenhang zwischen diesen beiden gemessenen Größen ist bei der Betrachtung der Blindschweißungen von CuFe2P noch deutlicher. So spiegelt sich der Verlauf der maximalen Schmelzbadfläche annähernd identisch mit dem der Nahtquerschnittsfläche wider. Ein leichter Anstieg im Bereich kleinerer Oszillationsamplituden $A_s \leq 0{,}1$ mm führt zu einem Maximum bei $A_s = 0{,}125$ mm. Nachdem die Werte bei $A_s = 0.15$ mm auf ein ähnliches Niveau fallen wie vor dem Hochpunkt, findet zum Ende des Betrachtungsraumes bei $A_s = 0{,}2$ mm ei-ne weitere Steigerung statt. Eine gesteigerte Nahtquerschnittsfläche, ist aufgrund des größeren Aufschmelzvolumens mit einer Steigerung der Effizienz gleichzusetzen, da der Energieeintrag bei allen Parametern konstant ist. Die Effizienz ist hierbei definiert nach Gl. 4.1 und unabhängig von der bereits betrachteten Energieeinbringung.

Die bereits gewonnenen Erkenntnisse zeigen, dass das größte Schmelzbad periodisch im lokalen Winkelbereich $280° < \Phi < 80°$ auftritt. In diesem Winkelbereich findet auch die größte Energieeinkopplung während der Oszillation statt. Da das Schmelzbad an der Oberfläche im engen Zusammenhang mit der Nahtquerschnittsfläche steht, kann von einem dominierenden Schmelzbadverlauf gesprochen werden, welcher die Ausformung des späteren Nahtquerschnitts bestimmt. In Bild 49 sind die unterschiedlichen Schmelzbadflächen bei verschiedenen lokalen Oszillationswinkeln schematisch dargestellt. Zusätzlich wird der Einfluss der Überlapplänge $Ü_L$ betrachtet. Die Überlapplänge ist dabei definiert als der Abstand zweier Oszillationsbewegungen zu einander.

Bild 49:
Unterschied der Schmelzbadgrößen während der Bahnbewegung bei örtlicher Leistungsmodulation und zirkulierenden Bewegungsregime

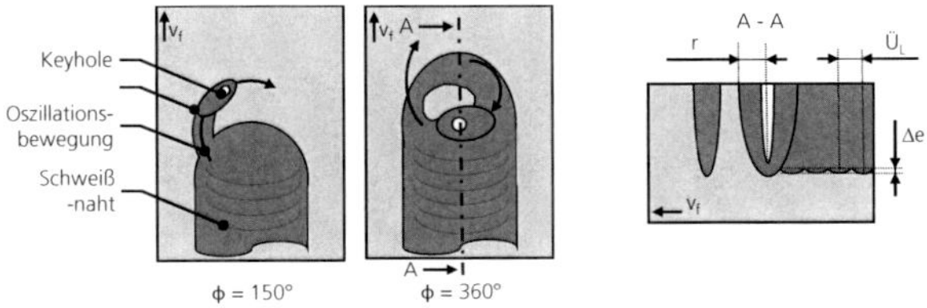

Der Bereich, in dem das bereits aufgeschmolzene Material teilweise nochmal überfahren wird, führt zu einer größeren thermischen Wärmeenergie Q. Die Größe des zweimalig überfahrenen Bereiches wird dabei vom Überlappgrad bestimmt. Bei einer Überlapplänge $Ü_L$, die kleiner als der Radius des Schmelzbad-radius r ist, bestimmt die periodische Bahnbewegung im Bereich von 280° bis 80° die Einschweißbreite- und tiefe. Die weitere Bahnbewegung spielt in der eigentlichen Nahtformung nur eine untergeordnete Rolle. So trägt das vorgelagerte Aufschmelzen des Bereiches zwischen 80° und 280° lediglich zu einer Vorwärmung bei. Wird der Überlappgrad und somit die Überlapplänge reduziert, so macht sich dies durch eine gesteigerte Fluktuation in der Einschweißtiefe Δe bemerkbar.

Zusammenfassend lässt sich aus den Mikroschweißversuchen mit örtlicher Leistungsmodulation festhalten, dass bezogen auf das Energiemanagement die Wärmeleitung im Material den bedeutendsten Einflussfaktor darstellt. Die Energieeinbringung der Laserstrahlung ins Material variiert lediglich aufgrund der unterschiedlichen Schmelzbadregime, welche sich bei einer Änderung der Bahngeometrie einstellen. Ein Einfluss der erhöhten Bahngeschwindigkeit beim Fügen mittels örtlicher Leistungsmodulation auf die Energieeinbringung lässt sich nicht beobachten.

5 Beeinflussung der Präzision beim Laserstrahl-Mikroschweißen

Das Laserstrahl-Mikroschweißen findet Anwendung zu Kontaktierungen von Bauteilen mit Materialdicken d < 1 mm. Zur Positionierung und Ausbildung der Schweißnähte ist eine örtliche und geometrische Präzision beim Fügen unerlässlich. Unerwünschte Effekte, die auf Prozessinstabilitäten zurückzuführen sind, wie beispielsweise Porenbildung, Schmelzauswürfe und Humping, können die Präzision beim Laserstrahl-Mikroschweißen beeinflussen. In diesem Kapitel werden quantifizierbare Qualitätskriterien ermitteln, welche eine objektive Bewertung von Schweißnähten zulässt. Weiterhin wird deren Beeinflussung durch die präzisionsbestimmenden Faktoren der örtlichen und zeitlichen Leistungsmodulation untersucht.

5.1 Quantifizierbare Qualitätskriterien zur Bewertung der Präzision

Zur Bewertung und Analyse der Präzision beim Laserstrahl-Mikroschweißen sind quantifizierbare Qualitätskriterien von Nöten. Eine rein qualitative subjektive Bewertung der Präzisionskriterien führt gerade bei der Definition von Fehlstellen und Instabilitäten zu Ungenauigkeiten in der Auswertung.

Für Anwendungen in der Batterietechnik und Leistungselektronik besteht die Notwendigkeit zwei elektrisch leitende Fügepartner miteinander zu verbinden ohne die darunter liegende thermisch sensible Schicht (Elektrolyt, FR4 oder Keramik) zu beschädigen. Bild 50 zeigt dabei eine mögliche Umsetzung einer Überlappschweißkonfiguration bei der ein Durchschweißen des zweiten Fügepartners zu einer Beschädigung des darunter liegenden Materials führen kann.

Bild 50: Überlappschweiß-konfiguration von elektrisch leitenden Fügepartner und darunterliegender thermisch sensibler Schicht

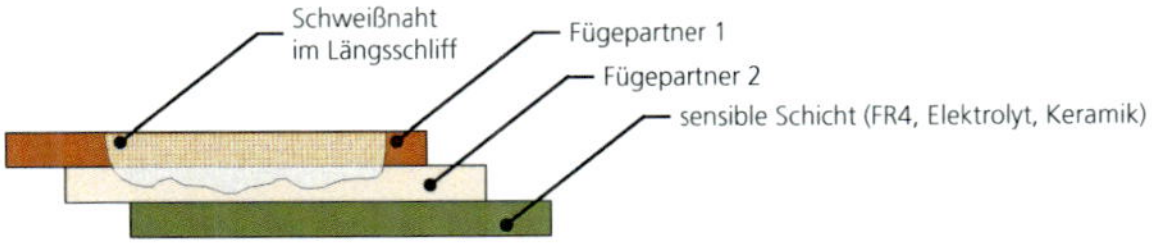

Selbst eine Annäherung des Schmelzbades an die sensible Schicht kann im Falle der beispielhaften Verwendung von FR4 zu einer Delamination der Schichten führen, welche lediglich durch Wärmeleitung in der Zwischenschicht hervorgerungen wird. Die präzise Einstellung der Einschweißtiefe zur Vermeidung von Beschädigungen und gleichzeitiger Realisierung des minimal erforderlichen Anbindungsquerschnittes der beiden Fügepartner ist daher von äußerster Wichtigkeit. Bei der technischen Auslegung einer solchen Fügeverbindung sind daher die beiden kritischen Größen minimal erforderliche Anbindungsbreite und maximal erlaubte Einschweißtiefe gegeneinander abzuwägen und die Prozessparameter dementsprechend zu entwickeln. Ein laserstrahlbasierter Fügeprozess unterliegt jedoch gerade beim Schweißen von elektrisch und thermisch hochleitenden Metallen Instabilitäten, die diese beiden kritischen Größen ebenfalls beeinflussen.

Die minimale Materialdicke des unteren Fügepartners ergibt sich aus der erforderlichen Einschweißtiefe e_e, die zum Erreichen der gewünschten Anbindungsbreite nötig ist, der Einschweißtiefenschwankung Δe und der Dicke der thermischen Barriere d_t, um eventuelle sensible Schichten zu schützen.

5.1 $$d_{min} = e_e + \Delta e + d_t$$

d_{min}: minimale Materialdicke des unteren Fügepartners [µm]; e_e: erforderliche Einschweißtiefe [µm]; Δe: Einschweißtiefenschwankung [µm]; d_t: Dicke der thermischen Barriere [µm]

Da im Allgemeinen die erforderliche Einschweißtiefe und die Dicke der thermischen Barriere als Randbedingung der Anwendung gegeben sind, ist bei der Auslegung einer Überlappschweißkonfiguration die Materialdicke des unteren Fügepartners von der Fluktuation der Einschweißtiefe während des Prozesses abhängig. Um eine Kosten- und Gewichtsersparnis durch Materialreduktion des zweiten Fügepartners zu erreichen ist daher zwangsläufig ein Fügeprozess nötig, der eine möglichst geringe Einschweißtiefenschwankung Δe verursacht.

Ein weiteres Kriterium zur Bewertung der Präzision von Schweißnähten ist die Nahtoberflächenrauheit. Diese steht in direkter Abhängigkeit zur Häufigkeit und Ausprägung von oberflächlichen Nahtfehlern und Unregelmäßigkeiten, wie Auswürfe und die daraus entstehenden Löcher. Für Sicht- und Funktionsflächen kann eine bestimmte maximale Oberflächenrauheit gefordert sein, da dadurch eine kosten- und zeitintensive spanende Nachbearbeitung entfällt. Auch in der Medizintechnik ist die Reduzierung der Rauheit von Oberflächen an Fügestellen von großer Bedeutung, da diese Verunreinigungen und Beschädigung minimiert. Nachfolgend werden die beiden Qualitätskriterien Einschweißtiefenkonstanz und Nahtoberflächenrauheit als quantifizierbare Größen der Präzision erläutert.

5.1.1 Einschweißtiefenkonstanz als messbares Qualitätskriterium

Die Bewertung der Einschweißtiefe findet in der Literatur häufig in Form von einzelnen Quer- oder Längsschliffen statt. Dabei beruhen diese Untersuchungen auf der Annahme, dass die Geometrie der Schweißnaht sowohl in Längs- als auch in Querrichtung konstant bleibt. Mit der Verwendung einer zeitlichen

Leistungsmodulation, die über die Prozesszeit variiert, ist die Verwendung von einzelnen Querschliffen nicht sinnvoll. Wie in Bild 51 dargestellt variiert mit Verwendung einer zeitlichen Leistungsmodulation die Einschweißtiefe über die gesamte Nahtlänge.

Bild 51:
Längsschliff in CuSn6 bei Verwendung einer zeitlichen Leistungsmodulation

P_m: 220 W
v_f: 75 mm/s
A_t: 200 W
f_t: 400 Hz

Eine Beurteilung der Nahtgeometrie und der Einschweißtiefenkonstanz durch Anfertigung von Querschliffen führt daher zu Ergebnissen, welche entlang der Vorschubrichtung variieren. Bei Verwendung der zeitlichen Leistungsmodulation ist jedoch von einer Symmetrieachse parallel zur Vorschubrichtung auszugehen, sodass Längsschliffe, welche an der Mittellinie der Schweißnaht angefertigt werden, für diese Form der Kompensationsstrategie das geeignete Mittel zur Messung der Einschweißtiefenschwankung darstellen.

Durch den Einsatz einer örtlichen Leistungsmodulation mit einer dem Vorschub überlagerten Kreisbewegung besteht nach Kapitel 4.2 ein Unterschied in der lokalen Streckenenergie, welcher zu einer Änderung der Einschweißtiefe quer zur Vorschubrichtung führen kann. So variiert die Nahtgeometrie nach Bild 49 sowohl bei der Anfertigung von Längsschliffen quer als auch bei der Anfertigung von Querschliffen längs zur Vorschubrichtung. Bild 52 zeigt zwei Querschliffe an unterschiedlichen Positionen der Schweißnaht, welche die Variation der Nahtgeometrie veranschaulichen.

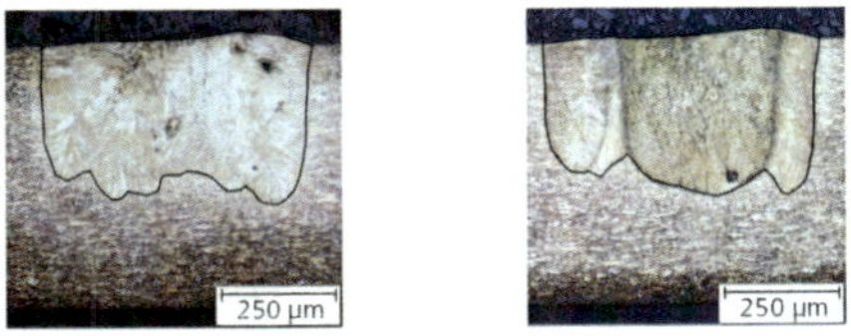

Bild 52:
Vergleich zweier Querschliffe bei Verwendung einer örtlichen Leistungsmodulation an unterschiedlichen Positionen in Vorschubrichtung

0,6 mm CuSn6
P_m: 320 W
v_f: 100 mm/s
A_s: 0,6 mm
f_s: 333 Hz

Weiterhin ist die thermische Masse bei Mikroanwendungen so gering, dass das Bauteil eine Aufwärmung während des Fügeprozesses erfährt, welche zu einer veränderten Energieeinbringung führt und somit die Einschweißtiefe in Vorschubrichtung ansteigen lässt (s. Bild 28). Für die Bestimmung der Einschweißtiefenkonstanz im Sinne einer präzisionsbestimmenden Größe sind daher sowohl ein Quer- als auch ein Längsschliff notwendig. Zur quantitativen Bewertung dieser Eigenschaft ist im Folgenden die Verwendung von dreidimensionalen Schliffen beschrieben. Durch eine rechnerbasierte Auswertung von einer Vielzahl aus unterschiedlichen Quer- oder Längsschliffen kann, ähnlich zur Röntgentomographie, ein realitätsgetreues Modell der resultierenden Schweißnahtgeometrie erzeugt werden. Die dabei benötigten Schliffe werden einzeln präpariert und vermessen und mit Hilfe eines Kalkulationsprogrammes grafisch dargestellt. Mit Hilfe dieser Informationen besteht nicht nur die Möglichkeit die minimale und maximale Einschweißtiefe während einer geeigneten Messtrecke, sondern ebenfalls den Anbindungsquerschnitt und die Einschweißtiefenkonstanz über einen beliebigen Streckenabschnitt definiert quantitativ bestimmen zu können.

5.1.2 Nahtoberflächenrauheit als messbares Qualitätskriterium

Die Strömungen innerhalb des Schmelzbades können verschiedene Defekte hervorrufen. Innerhalb der Schweißnaht können durch turbulente Strömungen beispielsweise Lunker und Poren entstehen. Oberflächenseitig können erstarrte Schmelzspritzer sowie eine wellenförmige Nahtoberfläche detektiert werden, die ebenfalls von der Schmelzbaddynamik verursacht werden. Des Weiteren ist eine Aufwölbung der Schweißnaht messbar, die die Rauheit der Materialoberfläche negativ beeinflusst. Für die Bewertung der Oberflächenstruktur ist besonders die Betrachtung der schuppenförmigen Nahtoberfläche und der Nahtüberhöhung relevant. Die schuppenförmige Nahtoberfläche entsteht durch Strömungen im Schmelzbad, welche mit einer hohen Abkühlgeschwindigkeit erstarren. Hochgeschwindigkeitsaufnahmen von Laserstrahlschweißungen zeigen, dass sich hinter der Dampfkapillare Wellen im Schmelzbad ausbilden, die bei der nachfolgenden Erstarrung als Unregelmäßigkeiten auf der Nahtoberfläche identifiziert werden können. Bei der Variation der Vorschubgeschwindigkeit können sowohl oszillierende als auch stehende Wellen identifiziert werden. Trifft eine dieser oszillierenden Wellen auf den Bereich der Dampfkapillare, kann eine Spritzerablösung beobachtet werden, welche sich wieder in eine reduzierte Qualität der Nahtoberfläche widerspiegelt. [HES12, S.92–94]

Die Nahtüberhöhung stellt eine Volumenexpansion des erstarrten Materials im Vergleich zum Ausgangsmaterial dar. Dieses Phänomen tritt auf, obwohl kein Zusatzmaterial in den Fügeprozess eingebracht wird. Eine Ursache kann die Bildung von Poren innerhalb der Schweißnaht sein. Poren entstehen durch Anreicherung der Schmelze mit Gasen wie Stickstoff, Wasserstoff oder Sauerstoff. Beim Kristallisieren der Schmelze verringert sich die Löslichkeit für

Gase und das überschüssige Gas scheidet sich als Pore aus. Beim Laserstrahlschweißen entstehen diese am Grund der Dampfkapillare und steigen von dort in Richtung Oberfläche bis sie im Material erstarren. Einen weiteren Einfluss können Gefügeumwandlungen haben, welche eine Dichteänderung und somit bei konstanter Masse eine Volumenänderung des erstarrten Materials hervorrufen. Beispielsweise besitzt ein kubisch-flächenzentriertes Kristallgitter eine Packungsdichte von 0,74 während diese bei Entstehung eines kubisch-raumzentrierten Systems auf eine Packungsdichte von 0,68 schwindet. Bei der Abkühlung von Stahl kann der kubisch-flächenzentrierte Austenit in kubisch-raumzentriertes Martensit umgewandelt werden, was ebenfalls zu einer Volumenänderung der erstarrten Schmelze führen kann.

Weiterhin kann eine feste Einspannung des Werkstückes beim Schweißen eine Ursache für eine mögliche Nahtüberhöhung sein. Durch die thermisch bedingte Ausdehnung beim Aufschmelzen des Materials entstehen Druckspannungen, die seitlich vom weniger erwärmten Material erwidert werden, da die Probe fest eingespannt ist. Diese Druckspannungen bewirken schlussendlich plastische Verformungen, die an der Nahtoberfläche sichtbar werden können. Auch eine schnellere Erstarrung beim Schweißen, kann die Schwindung des Materials beeinträchtigen, sodass eine Nahtüberhöhung bestehen bleibt. Zur Vollständigkeit sei erwähnt, dass aufgrund der nach dem Schweißprozess entstehenden Abkühlung auf Raumtemperatur die Auswirkungen der vorangegangenen plastischen Stauchung in Erscheinung treten. Das Material ist dabei kürzer als ursprünglich, weshalb sich bei weiterer Abkühlung Zugeigenspannungen ausbilden. [LAN15, S. 25-28]

Zur Bestimmung der Präzision der Schweißnaht anhand der Oberflächenrauheit werden zunächst zwei unterschiedliche Werte betrachtet. Zum einen wird der arithmetische Mittenrauwert Ra nach

5.2
$$Ra = \frac{1}{l_n} \int_0^{l_n} |Z(x)| dx$$

[DIN10] Ra: arithmetischer Mittenrauwert [μm]; l_n: Länge der Messtrecke [μm]; Z: Abweichung von der Mittellinie [μm]; x: Raumkoordinate in Vorschubrichtung [μm]

berechnet. Dafür wird zunächst ein Profilmittelwert gebildet. Der Betrag der Abweichung von der erzeugten Mittellinie Z wird über die Messstrecke integriert und durch die Länge der Messstrecke l_n dividiert. Der arithmetische Mittenrauwert ist daher ein Maß für die Anzahl und Ausprägung von Fehlstellen und Unregelmäßigkeiten an der Nahtoberfläche.

Für die Bewertung von Oberflächen werden diese häufig mittels Tastschnittverfahren oder kontaktlos mit Hilfe einer Lichtquelle vermessen und der Mittenrauwert Ra bzw. Sa bestimmt. Die nachfolgend dargestellten Ergebnisse wurden mit Hilfe eines Laser-Scanning-Microscops der Firma Keyence gemessen, welches das Konfokalprinzip verwendet, um Unregelmäßigkeiten auf der Oberfläche eines Messobjekts zu detektieren. Dabei wurde zur Messung der Rauheit lediglich eine Neigungskorrektur der Probenoberfläche durchgeführt. Für eine präzisere Aussage kann die spektrale Zusammensetzung der Rauheit ermittelt und im Rauheitsspektrum (Sa-Spektrum) dargestellt werden. [NÜS17, S. 8-10] In Bild 53 ist die spektrale Zusammensetzung der Rauheit anhand einer konventionellen Schweißung und einer Schweißung mit zeitlicher Leistungsmodulation dargestellt. Nach [TEM13, S. 33-34] kann das Rauheitsspektrum in die folgenden drei Bereiche unterschieden werden: die Mikrorauheit im Bereich λ = 0,625 - 10 µm, die Mesorauheit im Bereich λ = 10 - 80 µm und die Makrorauheit im Bereich λ = 80 - 320 µm. Wie aus dem Rauheitsspektrum zu erkennen ist, fließen überwiegend die langwelligeren Makrorauheiten in die Gesamtberechnung ein. Daher wurde zur Bestimmung der Nahtrauheit kein zusätzlicher Profilfilter verwendet.

Bild 53:
Rauheitsspektrum einer konventionellen Schweißung und einer Schweißung mit zeitlicher Leistungsmodulation

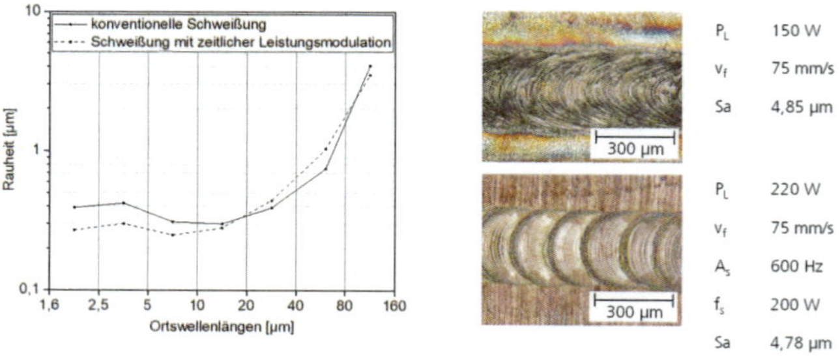

Die in Bild 54 dargestellte Aufnahme ist eine Überlagerung des Farbbildes einer Schweißnaht und der Intensitätsmessung eines Laser-Scanning-Microscops. Auf der Schweißnaht sind die in weiß dargestellten einzelnen Messstrecken und in der unteren Grafik das resultierende gemittelte Höhenprofil zu erkennen.

Bild 54:
Beispielhafte Messung des arithmetischen Mittenrauwertes Ra

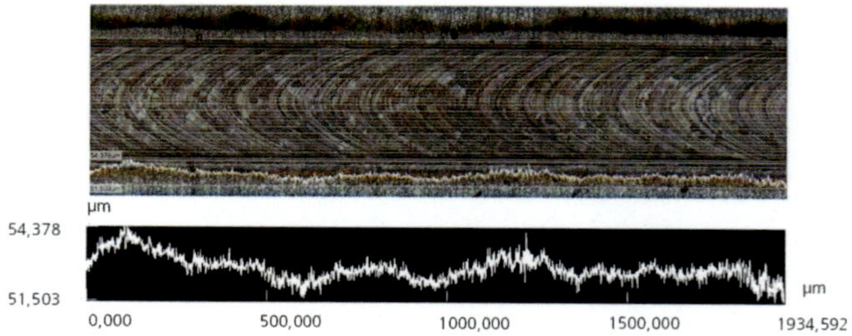

Ein weiterer Wert zu Beurteilung der Präzision an der Nahtoberfläche ist die Betrachtung der maximalen Rautiefe Rmax. Diese ist definiert als der größte Abstand von zwei Messstellen innerhalb einer Messstrecke. [HOI07, S.83–84] Dieser Wert beurteilt die Nahtüberhöhung einer Schweißung und gibt ebenfalls eine Aussage über eventuelle Porenbildungen innerhalb des Fügeprozesses.

Bild 55: Beispielhafte Messung der maximalen Rautiefe Rmax

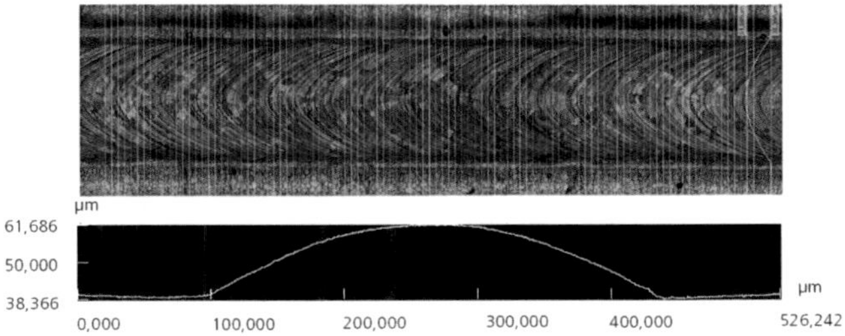

Analog zur Messung des arithmetischen Mittenrauwertes, welcher parallel zur Nahtmitte durchgeführt wird, ist in Bild 55 die maximale Rautiefe Rmax anhand einer beispielhaften Messung aufgeführt. Der maximale Abstand zwischen der niedrigsten Vertiefung – in diesem Beispiel das Grundmaterial – und der größten Erhebung ergibt die Nahtüberhöhung.

5.2 Beeinflussung der Präzision durch Anwendung einzelner Kompensationsstrategien[2]

Im Folgenden wird der Einfluss der beiden Kompensationsstrategien der örtlichen und zeitlichen Leistungsmodulation getrennt voneinander betrachtet. Dabei wird Bezug auf die Einschweißtiefenkonstanz und Nahtoberflächenrauheit genommen.

5.2.1 Auswirkungen auf die Präzision einer Schweißnaht durch Verwendung einer örtlichen Leistungsmodulation

Die Beeinflussung der Schweißnaht durch Verwendung einer örtlichen Leistungsmodulation zielt in erster Linie auf die oberflächlichen Nahteigenschaften wie Schweißnahtbreite und Nahtoberflächenrauheit ab. Weiterhin verändert sich durch die Verwendung der überlagerten kreisförmigen Oszillation die Schweißnahtgeometrie im Material, was zu einer Variation der Einschweißtiefe und Anbindungsbreite führt. Zum Vergleich der Versuche

[2] Die Ergebnisse in diesem Kapitel nehmen Bezug auf die Bachelorarbeit von Alexander Schürmann: Einfluss der örtlichen Leistungsmodulation auf Nahtoberflächenrauheit und Einschweißtiefe beim Laserstrahlmikroschweißen. Angefertigt am 28.10.2015. Betreuender Professor: Prof. Dr. rer. Nat. Peter Loosen; Wissenschaftlicher Betreuer: André Häusler, M.Sc. – RWTH Aachen University

untereinander werden die Bahngeschwindigkeiten für die jeweils untersuchten Überlappgrade konstant gehalten. Diese Bedingung wird erfüllt mit

5.3 $$v_f = const.\ und\ A_s \cdot f_s = const.$$

v_f: Vorschubgeschwindigkeit [mm/s]; A_s: Amplitude der örtlichen Leistungsmodulation [mm]; f_s: Frequenz der örtlichen Leistungsmodulation [Hz]

Zu beachten ist, dass durch die konstante Vorschubgeschwindigkeit bei größeren Überlappgraden höhere Oszillationsgeschwindigkeiten des Laserstrahls entstehen. In Tab. 6 sind die unterschiedlichen Oszillationsgeschwindigkeiten bei den verwendeten Überlappgraden aufgelistet.

Tab. 6: Vergleich der Oszillationsgeschwindigkeiten bei unterschiedlichen Überlappgraden und konstanten linearen Vorschubgeschwindigkeiten

Überlappgrad [-]	**Oszillationsgeschwindigkeit [mm/s]**
34,4 %	471
54,2 %	628
71,5 %	942

Bei Betrachtung der reinen Oszillationsgeschwindigkeit ohne Berücksichtigung der zusätzlichen linearen Vorschubgeschwindigkeit, zeigt sich bei einer Erhöhung des Überlappgrades auch eine deutliche Erhöhung der Oszillationsgeschwindigkeiten. So werden bei vergleichsweise kleinen linearen Vorschubgeschwindigkeiten von $v_f \approx 100$ mm/s sehr hohe Oszillations- und damit auch Bahngeschwindigkeiten realisiert.

In Bild 56 ist die an der Materialoberfläche gemessene Nahtbreite für verschiedene Überlappgrade über der Oszillationsamplitude aufgetragen. Dabei zeigt sich für niedrige Oszillationsamplituden $A_s < 0{,}2$ mm eine zu erwartende exponentielle Abhängigkeit der Nahtbreite von der Oszillationsamplitude. Die Nahtbreite ist dabei definiert als die auf der Oberfläche zu erkennende größte Breite von aufgeschmolzenen Material. Sollten aufgrund der gewählten Parameter nicht aufgeschmolzene Bereiche im Inneren der Bahnbewegung hervorgerufen werden, sind diese von der Betrachtung ausgeschlossen.

Bild 56:
Abhängigkeit der Nahtbreite von der Oszillationsamplitude und dem Überlappgrad

CuSn6
v_f = 75 mm/s
P_L = 330 W
d_f = 40 µm
[HAE17b]

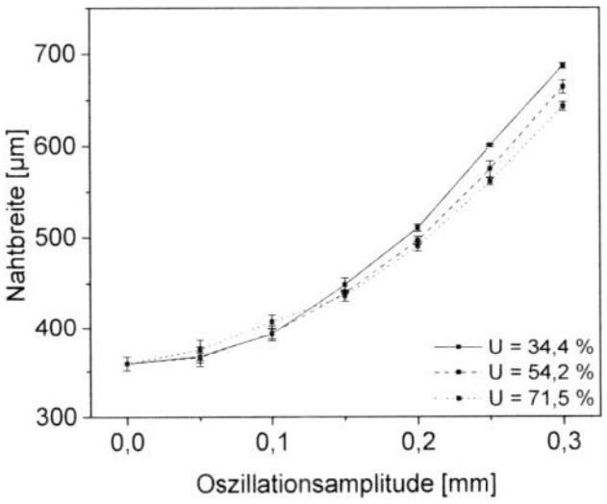

Für einen Überlappgrad U = 54,2 % lässt sich bei den betrachteten Randbedingungen die Nahtbreite b in Abhängigkeit von der Oszillationsamplitude durch

5.4 $$b_N = e^{(4{,}3 \cdot A_s{}^2 + 0{,}9 \cdot A_s + 5{,}9)} f\ddot{u}r\ A_s < 0{,}2$$

[HAE17b] b_N: Nahtbreite [µm]; A_s: Amplitude der örtlichen Leistungsmodulation [mm]

annähern. [HAE17b]

Für größere Oszillationsamplitude $A_S \geq 0{,}2$ mm tendiert die Abhängigkeit der Nahtbreite zur Oszillationsamplitude hin zu einem linearen Verlauf, welcher bei einem Überlappgrad von U = 54,2 % dargestellt werden kann durch

5.5 $$b_N = 1787 \cdot A_s + 128\ f\ddot{u}r\ A_s \geq 0{,}2$$

b_N: Nahtbreite [µm]; A_s: Amplitude der örtlichen Leistungsmodulation [mm]

Tendenziell zeigt sich nur ein geringer Einfluss der Überlappgrade auf die resultierende Schweißnahtbreite. So finden sich bei Oszillationsamplituden A_s < 0,2 mm keine signifikanten Unterschiede in der Nahtbreite, die über die Standardabweichung der durchgeführten Versuche hinausgehen. Bei zunehmenden Oszillationsamplitude stellt sich dann für kleinere Überlappgrade eine höhere Nahtbreite ein, die allerdings nur eine Erhöhung von ca. 6 % zum größten untersuchten Überlappgrad darstellt. [HAE17b]

In Bild 57 sind für die unterschiedlichen Prozessregime beim Laserstrahlschweißen mit örtlicher Leistungsmodulation die vermessenen Oberflächen der Schweißnähte gegenübergestellt. Dabei wird deutlich, dass die Wahl der Prozessparameter einen großen Einfluss auf die Oberflächenrauheit der Schweißnaht besitzt. Schweißnähte weisen im Allgemeinen an der Nahtoberfläche eine schuppige Struktur auf, die auf die unsteten Erstarrungsvorgänge des Schmelzbades zurückzuführen ist. Die Überlagerung des linearen Vorschubes mit einer kreisförmigen Oszillation beeinflusst eben diese Schuppenstruktur. [HAE17b]

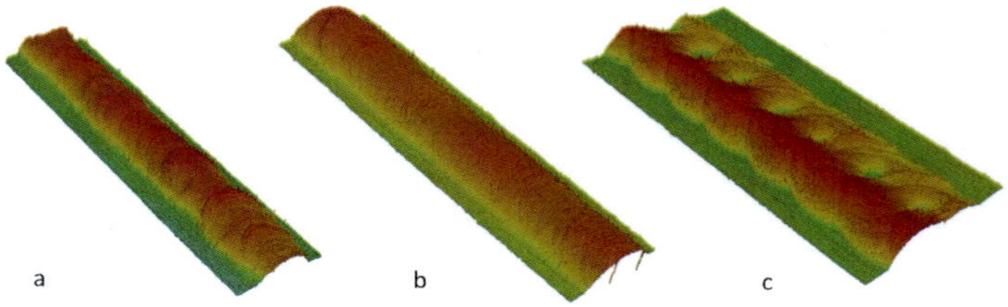

Bild 57:
Vergleich der Nahtoberflächen bei unterschiedlichen Prozessregimen

CuSn6
v_f = 75 mm/s
P_L = 330 W

a: konventionell
b: stationär
c: zirkulierend
[HAE17b]

Das konventionelle Laserstrahlschweißen (a) weist an der Oberfläche die typische Schuppenstruktur auf. Jedoch zeigt die Nahtoberfläche deutliche Unregelmäßigkeiten, welche auf eine veränderte Energieeinbringung oder Erstarrung zurückzuführen sind. Bei der Anwendung einer örtlichen Leistungsmodulation unter Verwendung eines stationären Schmelzbadregimes (b) zeigt sich bereits eine optisch wahrnehmbare Reduzierung dieser Unregelmäßigkeiten an der Naht-oberfläche. Die charakteristische Schuppenstruktur ist immer noch zu erkennen, wenn auch deutlich reduziert in dessen Ausprägung. Bei der Verwendung eines zirkulierenden Schmelzbades in Kombination mit einem niedrigen Überlappgrad (c) entstehen deutlich breitere Schweißnähte, die jedoch im Grenzfall zu nicht aufgeschmolzenen Bereichen innerhalb der Schweißnaht führen. In diesem Falle führen zwei unterschiedliche Effekte zur Erhöhung der Nahtoberflächenrauheit. Zum einen entsteht durch das Vorhandensein von nicht aufgeschmolzenen Grundmaterial innerhalb der Schweißbahn eine größere Höhendifferenz der aufgewölbten Naht in Vorschubrichtung. Zum anderen bedingt die variierende Bahngeschwindigkeit, hervorgerufen durch die kreisförmige Oszillation, eine Änderung der Nahtüberhöhung, da diese von der Streckenenergie maßgeblich beeinflusst wird. Die in der Aufsicht zu erkennende Schuppenstruktur wird nun nicht mehr von Unregelmäßigkeiten während der Erstarrung, sondern von der eigentlichen Bahnbewegung des Laserstrahls und der resultierenden Schweißbahn hervorgerufen. [HAE17b]

Bild 58 zeigt analog zu den Nahtoberflächen die gemessenen arithmetischen Mittenrauwerte Ra in Relation zur Oszillationsamplitude und des Überlappgrades. Diese weisen über die gesamte Parameterauswahl eine hohe Standardabweichung auf, was auf die einzelnen individuellen Oberflächeneigenschaften bei gleichen Parametern zurück zu führen ist.

Bild 58:
Abhängigkeit des arithmetischen Mittenrauwertes von der Oszillationsamplitude und dem Überlappgrad

CuSn6
v_f = 75 mm/s
P_L = 330 W
[HAE17b]

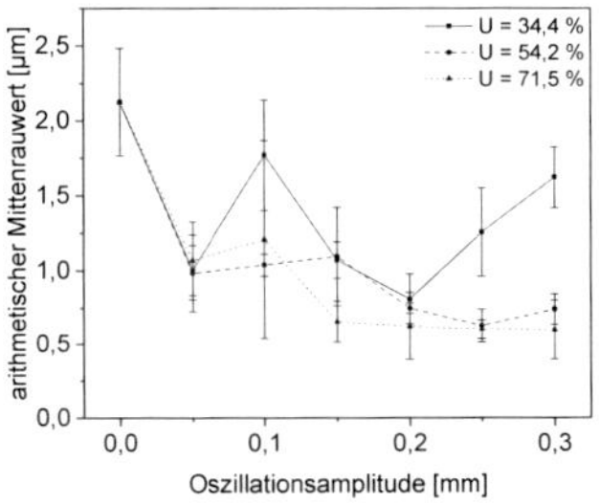

Ausgehend von dem ermittelten Referenzwert für Schweißungen ohne örtliche Leistungsmodulation bei 2,1 µm, sinkt beim Einsatz der örtlichen Leistungsmodulation mit einer Oszillationsamplitude von 0,05 mm der arithmetische Mittenrauwert Ra auf etwa 1 µm. Mit zunehmender Oszillationsamplitude nähert sich dieser bei einem Überlappgrad von 71,5 % dem Wert 0,6 µm an. Für einen Überlappgrad von 54,2 % erreicht Ra ein Minimum von 0,6 µm bei einer Oszillationsamplitude von 0,25 mm. Danach steigt dieser auf 0,7 µm an. Das Minimum bei einem Überlappgrad von 34,4 % tritt bereits bei einer Oszillationsamplitude von 0,2 mm auf und beträgt 0,8 µm. Bei höheren Oszillationsamplituden steigt der Wert auf bis zu 1,6 µm bei einer Oszillationsamplitude von 0,3 mm an. Der Wendepunkt, bei dem ein fallender in einen steigenden arithmetischen Mittenrauwert wechselt, verschiebt sich bei größeren Überlappgraden hin zu größeren Oszillationsamplituden. Dieser Wendepunkt kennzeichnet die Größe der Oszillationsamplitude bei dem innerhalb der Schweißnaht nicht aufgeschmolzene Bereiche verzeichnet werden können, welche die Rauheit der Nahtoberfläche negativ beeinflussen. Die Versuche mit einem Überlappgrad von 54,2 % und 71,5 % zeigen weiterhin, dass die Reduzierung von Ra durch den Einsatz einer örtlichen Leistungsmodulation mit den betrachteten Randbedingungen bei 0,6 µm eine natürliche Grenze erreicht, welche auch durch eine weitere Steigerung der Oszillationsamplitude im betrachteten Parameterbereich nicht in geringere arithmetische Mittenrauwerte resultiert. [HAE17b]

Bild 59 stellt die Abhängigkeit der Nahtüberhöhung bzw. die max. Rautiefe von der Oszillationsamplitude bei den bereits betrachteten drei Überlappgraden dar. Auch hier ist analog zu dem arithmetischen Mittenrauwert zu erkennen, dass eine Erhöhung der Oszillationsamplitude zu einer gleichzeitigen Reduzierung der Nahtüberhöhung führt.

Bild 59:
Abhängigkeit der Nahtüberhöhung von der Oszillationsamplitude und dem Überlappgrad

CuSn6
v_f = 75 mm/s
P_L = 330 W
[HAE17b]

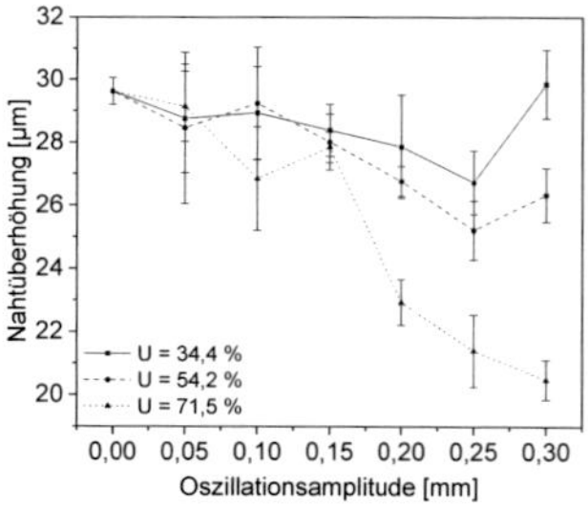

Dabei ist die Reduzierung bei größeren Überlappgraden ausgeprägter als bei niedrigeren. So ist bei einem Überlappgrad von 71,5 % eine Reduzierung der Nahtüberhöhung bei einem Referenzwert von ca. 29,6 µm auf 20,5 µm bei Verwendung einer örtlichen Leistungsmodulation mit einer Oszillationsamplitude von 0,3 mm möglich. [HAE17b]

Dieser Verlauf lässt sich anhand einer Betrachtung der Nahtüberhöhung im Querschnitt erklären. In Bild 60 sind zwei mögliche Formen der Querschnittsfläche und deren gemessene Profile dargestellt.

Bild 60:
Darstellung der Querschnittsfläche der Nahtüberhöhung

Oben: Schematische Darstellung
Unten: messungsbasierte Darstellung
[HAE18]

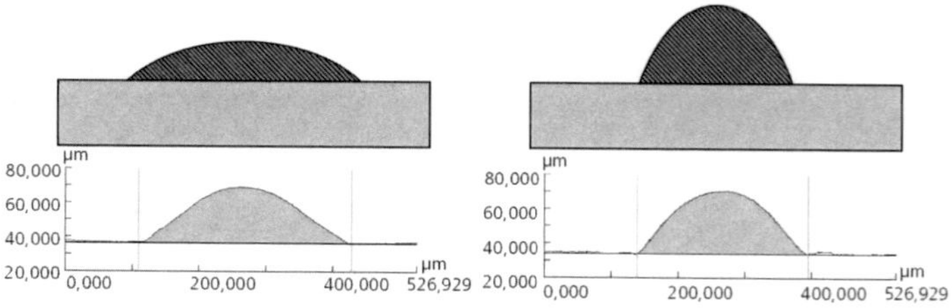

Die Querschnittsflächen der gemessenen Profile sind nahezu identisch, auch wenn sie sich in Höhe und Breite deutlich unterscheiden. Bei der Verwendung einer örtlichen Leistungsmodulation wird das überstehende Material demnach nicht reduziert, sondern lediglich umverteilt. Dies erklärt die gemessenen Werte bezogen auf die steigende Nahtbreite bei steigenden Oszillationsamplituden und daraus resultierenden fallenden Nahtüberhöhungen. Bewegt sich der Schweißprozess in einen Parameterbereich in dem nicht aufgeschmolzene Bereiche innerhalb der Schweißnaht entstehen, so befindet sich die größte Nahtüberhöhung an der Stelle mit der größten Streckenenergie bzw. kleinsten Bahngeschwindigkeit (s. Bild 57 c). In diesem Fall kann nicht mehr die gesamte Nahtbreite zur Umverteilung des Materials genutzt werden, da die Nahtüberhöhung auf der Bahn des Laserstrahls abgebildet wird und dadurch wieder zu steigenden Werten führt.

Wie bereits erwähnt lässt sich die Geometrie der Schweißnaht durch die Verwendung der örtlichen Leistungsmodulation gezielt beeinflussen. In Bild 61 ist die maximale Einschweißtiefe für verschiedene Überlappgrade über der Oszillationsamplitude aufgetragen.

Bild 61:
Abhängigkeit der maximalen Einschweißtiefe von der Oszillationsamplitude und dem Überlappgrad

CuSn6
v_f = 75 mm/s
P_L = 330 W

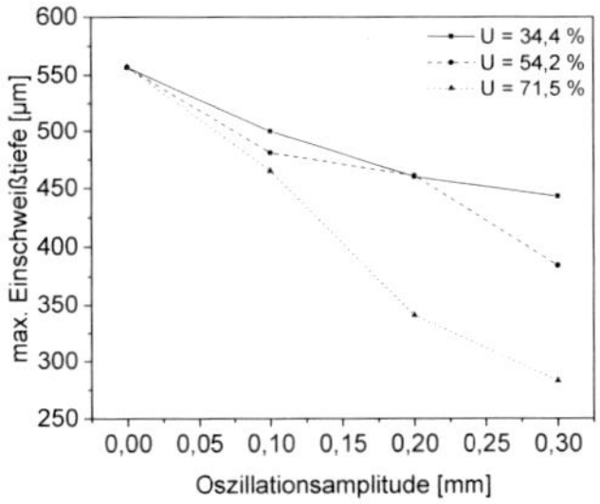

Die maximale Einschweißtiefe der Referenzschweißung ohne örtliche Leistungsmodulation beträgt in etwa 560 µm. Bei konstanten Laserleistung P_L und Streckenenergie ist zu erkennen, dass die maximale Einschweißtiefe mit steigender Oszillationsamplitude abnimmt. Hierbei ist anzumerken, dass zwischen der Referenzschweißung und den Schweißungen mit örtlicher Leistungsmodulation ein signifikanter Unterschied in der Geschwindigkeit der Keyholebewegung existiert, welche sich wiederum auf dessen Neigung und damit auf die maximale Einschweißtiefe auswirkt. Da bei konstantem Überlappgrad und damit auch konstanter Bahngeschwindigkeit des Keyholes die maximale Einschweißtiefe weiter abnimmt, kann ein Einfluss der abnehmenden Wärmeleitung innerhalb der Oszillationen aufgrund der steigenden Oszillationsamplitude angenommen werden. Eine Erhöhung des Überlappgrades bei konstanter linearer Vorschubgeschwindigkeit v_f führt wiederum aufgrund der höheren Anzahl an Oszillationen auf einer konstanten Strecke zu einer Erhöhung der Bahngeschwindigkeit v_p. Dies führt bei höheren Überlappgraden zu einer Erhöhung der Keyholeneigung und damit zu einer weiteren Reduzierung der max. Einschweißtiefe.

Bild 62 zeigt die Einschweißtiefenkonstanz für verschiedene Überlappgrade über der Oszillationsamplitude. Die Einschweißtiefenkonstanz k_{wd} ist dabei definiert als

5.6
$$k_{wd} = \frac{e_{min}}{e_{max}} \cdot 100\ \%$$

k_{wd}: Einschweißtiefenkonstanz [%]; e_{min}: minimale Einschweißtiefe [µm]; e_{max}: maximale Einschweißtiefe [µm]

Für die Messung der minimalen Einschweißtiefe sind sowohl die Randbereiche der Naht als auch der Anfang der Naht vernachlässigt worden. Hierbei zeigt sich, dass eine konventionelle Schweißnaht ohne die Verwendung einer örtlichen Leistungsmodulation eine Einschweißtiefenkonstanz von ca. 84,6 % aufweist. Unabhängig vom Überlappgrad ist dieser Wert mit Verwendung einer örtlichen Leistungsmodulation nicht mehr zu erreichen.

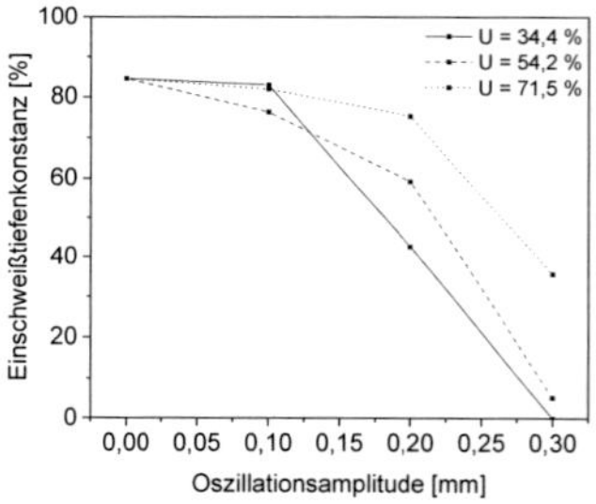

Bild 62: Abhängigkeit der Einschweißtiefenkonstanz von der Oszillations-amplitude und dem Überlappgrad

CuSn6
v_f = 75 mm/s
P_L = 330 W
[HAE17b]

Bis zu einer Oszillationsamplitude von 0,1 mm ist die Einschweißtiefenkonstanz für die drei untersuchten Überlappgrade noch annähernd konstant. Für größere Überlappgrade ist dann eine fallende Einschweißtiefenkonstanz zu verzeichnen. Wie in Bild 32 dargestellt, ist dies genau die Grenze zwischen einem stationären und einem zirkulierenden Schmelzbadregime. Die Entstehung der endgültigen Schweißnahtgeometrie entsteht beim stationären Schmelzbad, wie auch beim konventionellen Schweißen, aus den Dimensionen des Schmelzbades, in welches der Laserstrahl oszilliert. Beim zirkulierenden Schmelzbadregime entsteht die Nahtgeometrie jedoch aus einer Überlagerung von einzelnen Bahnbewegungen hinsichtlich der spiralförmigen Bewegung, die durch die überlagerte Oszillation entsteht.

Bild 63 stellt den Bahnverlauf bei Verwendung einer örtlichen Leistungsmodulation mit der resultierenden Schweißnahtgeometrie im Längsschliff dar.

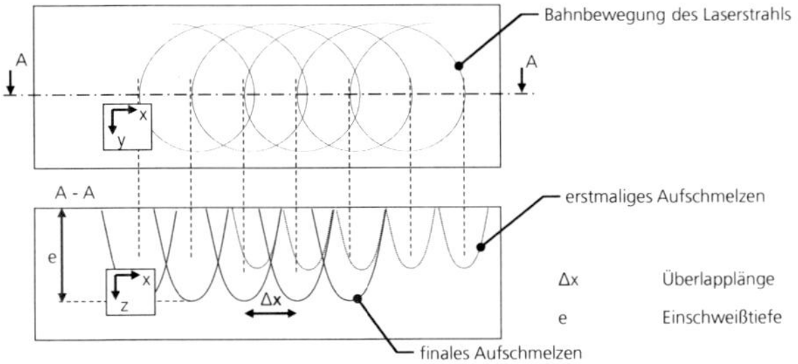

Bild 63:
Bahnverlauf und Einschweißtiefenverlauf beim Laserstrahlschweißen mit örtlicher Leistungsmodulation

oben: Bahnverlauf des Laserstrahls
unten: Längsschnitt der Schweißnaht

So führt die Überlagerung der einzelnen Bahnbewegungen hin zu dem charakteristischen Erscheinungsbild der Schweißnaht beim finalen Aufschmelzen. Diesem finalen Aufschmelzvorgang liegt immer ein vorheriges Aufschmelzen zu Grunde, welches zusätzliche Wärmeenergie für den finalen Aufschmelzvorgang deponiert. Diese erste Hälfte der Bahnbewegung einer Oszillation ist gewöhnlich in Längsschliffen nicht mehr zu erkennen. Die Überlapplänge Δx und damit der Überlappgrad sind bei Verwendung eines zirkulierenden Schmelzbadregimes maßgeblich für die Einschweißtiefenkonstanz verantwortlich. So zeigt sich in Bild 62 ab der Schwelle zum zirkulierenden Schmelzbad ($A_S > 0{,}1$ mm) eine Einschweißtiefenkonstanz, die mit fallendem Überlappgrad abnimmt. Schlussendlich entspricht eine Einschweißtiefenkonstanz von 0 % dem Auftreten von nicht aufgeschmolzenen Bereichen innerhalb der Schweißnaht, welche die minimale Einschweißtiefe auf 0 µm reduzieren.

Zum besseren Verständnis und zur Veranschaulichung der resultierenden Nahtgeometrie ist in Bild 64 ein dreidimensionales Abbild der Schweißnaht ohne Verwendung einer örtlichen Leistungsmodulation dargestellt. Dazu werden mehrere Längsschliffe in einem Abstand von 20 bis 30 µm angefertigt und bezüglich ihrer Nahtgeometrie vermessen. Zur Bewertung der Einschweißtiefe sind diese dreidimensionalen Ansichten mit der Nahtoberfläche nach unten und der Nahtwurzel nach oben dargestellt.

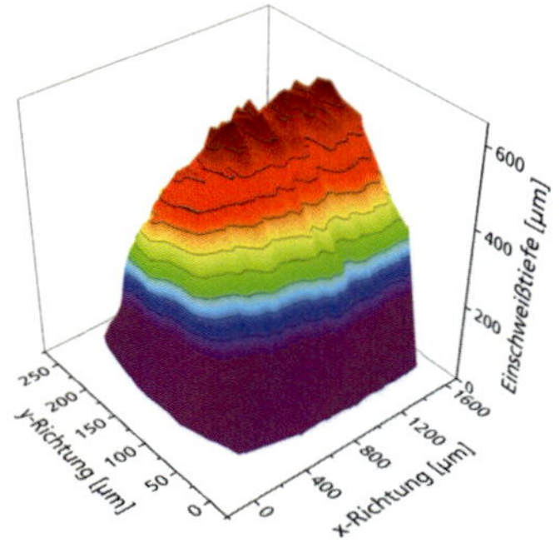

Bild 64:
Dreidimensionale Darstellung einer Schweißnaht beim konventionellen Laserstrahlschweißen

CuSn6
v_f = 75 mm/s
P_L = 330 W
[HAE17b]

Die Ausprägung der Schweißnaht im Querschnitt ist symmetrisch und annähernd parabelförmig. In Vorschubrichtung sind keine periodischen Schwankungen der Einschweißtiefe erkennbar. Insgesamt ergibt sich eine Einschweißtiefenkonstanz von 84,6 %.

Bild 65 zeigt die resultierenden Nahtgeometrien zweier Schweißnähte unter Verwendung einer örtlichen Leistungsmodulation. Bei einer Parameterauswahl, bei der ein stationäres Schmelzbad erzeugt wird (links), entsteht ein rechteckiger Querschnitt, der eine ähnliche Einschweißtiefenkonstanz aufweist, wie bei einem unmodulierten Prozess. Die Einschweißtiefe hingegen ist deutlich reduziert.

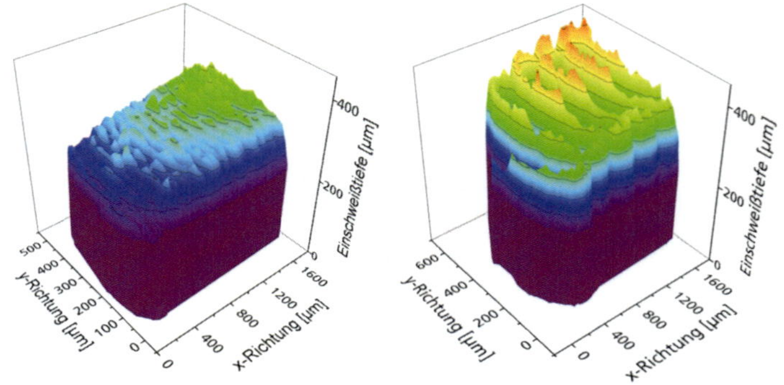

Bild 65:
Dreidimensionale Darstellung einer Schweißnaht beim Laserstrahlmikroschweißen mittels örtlicher Leistungsmodulation

CuSn6
v_f = 75 mm/s
P_L = 330 W

links: stationäres Schmelzbadregime
rechts: zirkulierendes Schmelzbadregime
[HAE17b]

Die in Bild 65 (rechts) dargestellte Schweißnahtgeometrie unter Verwendung eines zirkulierenden Schmelzbades weist aufgrund der nicht aufgeschmolzenen Bereiche zwischen den einzelnen Bahnbewegungen eine Einschweißtiefenkonstanz von 0 % auf. Weiterhin sind deutlich die Bahnbewegung und die einzelnen Oszillationen zu erkennen. Auffällig ist die durch die asymmetrische Verteilung der Streckenenergie fluktuierende Einschweißtiefe quer zur Vorschubrichtung. So findet sich in den Bereichen erhöhter Bahngeschwindigkeit eine Reduzierung der Einschweißtiefe, wobei auf der gegenüberliegenden Seite die niedrigere Bahngeschwindigkeit zu einer Erhöhung der Einschweißtiefe führt.

Auch die Ergebnisse des Einschweißtiefenverlaufes und der Nahtgeometrie lassen sich simulativ nachstellen (Bild 66). Die Beobachtungen der experimentellen Versuche werfen die Frage nach ihrer Herkunft auf. Um dies zu ergründen, wird der Prozess durch ein einfaches Wärmeleitungsmodell mit einer Gaußschen Volumenquelle beschrieben, die entsprechend den Experimenten die identische örtliche Bahnbewegung beschreibt. Die Randbedingungen sind auf Isolation an der Ober- und Unterseite des Werkstücks und auf Kühlung (T = 0 K) an den übrigen Oberflächen eingestellt. Durch diesen Ansatz wird eine konstante Energieabscheidung pro Zeit und pro Volumen innerhalb des Materials während des gesamten Prozesses sichergestellt und Einflüsse von Schwankungen der absorbierten Energie, die im Experiment aufgrund lokal unterschiedlicher Prozessbedingungen auf der Schweißbahn auftreten, eliminiert. [HAE17b][3]

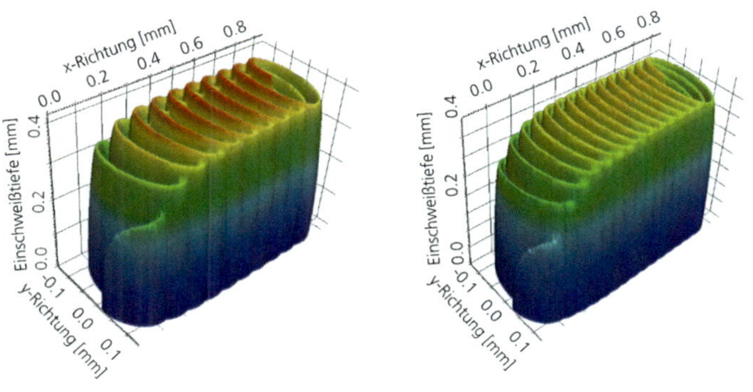

Bild 66:
Simulation des Einschweißtiefenverlaufes beim Laserstrahl-Mikroschweißen mittels örtlicher Leistungsmodulation

CuSn6
v_f = 75 mm/s

links:
U = 0,54 %
A_s = 0,1 mm
rechts:
U = 0,71 %
A_s = 0,1 mm
[HAE17b]

Zu erkennen ist, dass die maximale Einschweißtiefe von der aufgrund des geänderten Überlappgrades höheren Bahngeschwindigkeit und damit niedrigeren Streckenenergie abhängt. Dieser Aspekt spiegelt sich auch in der Asymmetrie des Einschweißtiefenverlaufes quer zur Vorschubrichtung wider. So führt die Oszillationsbewegung, welche der Vorschubbewegung entgegen-

[3] Die simulativen Ergebnisse entstanden innerhalb des von der Deutschen Forschungsgemeinschaft DFG geförderten Sonderforschungsbereiches 1120 in Zusammenarbeit mit dem Teilprojekt A3 und wurden von Christoph Schöler bearbeitet.

gesetzt ist zu einer geringeren Bahngeschwindigkeit und so zu einer größeren Streckenergie, welche sich auf die Einschweißtiefe der Schweißnaht auswirkt.

Bei vielen technisch relevanten Fügeaufgaben mit Kupferbasislegierungen ist neben den betrachteten Präzisionskriterien Nahtoberfläche und Einschweißtiefe auch der Anbindungsquerschnitt von enormer Wichtigkeit. Der Anbindungsquerschnitt im Überlappstoß bestimmt sowohl die mechanische Festigkeit als auch den elektrischen und thermischen Widerstand. Mit Hilfe der dreidimensionalen Schliffe lässt sich auch diese Eigenschaft der Schweißnaht in Abhängigkeit des Überlappgrades und der Oszillationsparameter bewerten.

Dazu werden die dreidimensionalen Darstellungen in einer Tiefe von 200 µm geschnitten und die Anbindungsfläche, die in dieser Tiefe realisiert ist, gemessen. In Bild 67 sind die für eine Einschweißtiefe von mindestens 200 µm ermittelten Anbindungsbreiten bei unterschiedlichen Überlappgraden über der Oszillationsamplitude aufgetragen.

Bild 67:
Abhängigkeit der Anbindungsbreite von der Oszillationsamplitude und dem Überlappgrad

CuSn6
v_f = 75 mm/s
P_L = 330 W
z = 200 µm

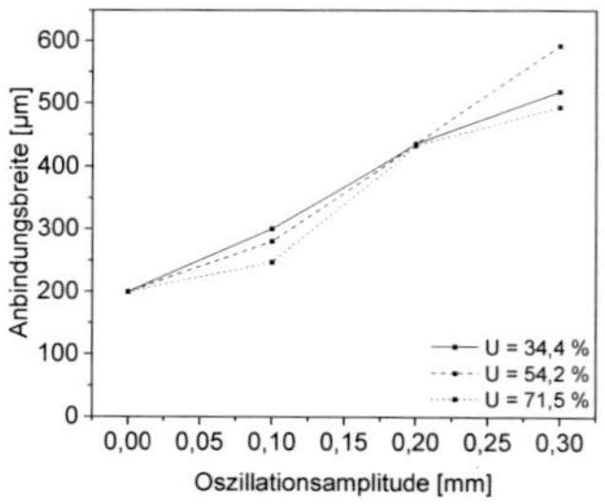

Die durchschnittliche Anbindungsbreite einer konventionell erzeugten Naht in der Tiefe von 200 µm beträgt ca. 200 µm. Mit zunehmenden Oszillationsamplitude steigt die Anbindungsbreite an. Der Einfluss des Überlappgrades ist als gering zu bewerten. Bei einer Oszillationsamplitude von 0,3 mm und einem Überlappgrad von 54,2 % wird eine Anbindungsbreite von 593 µm erreicht. Dies entspricht im betrachtetet Anwendungsfall einer Verbesserung des Anbindungsquerschnitts gegenüber dem konventionellen Laserstrahl-Mikroschweißen um den Faktor 3.

Bei einer Oszillationsamplitude von 0,2 mm liegt die Anbindungsbreite für die betrachteten Überlappgrade in einem engen Bereich von 433 bis 436 µm. Die Differenz ist aufgrund der bestehenden Messunsicherheit des Verfahrens vernachlässigbar. Die an der Oberfläche gemessene Nahtbreite unterscheidet sich bei einem Überlappgrad von 34,4 % nur um 34 µm von der Nahtbreite der Referenznaht (s. Bild 42). Bei einer Einschweißtiefe von 200 µm ist jedoch mit einer Anbindungsbreite von 300 µm eine Steigerung um 50 % zu verzeichnen. Dies spiegelt nochmals die durch die Verwendung einer örtlichen Leistungsmodulation hervorgerufene Änderung von einer konventionellen V-Geometrie hin zu einer rechteckigen Nahtgeometrie wider.

Zusammenfassend lässt sich ein positiver Einfluss der örtlichen Leistungsmodulation bei hohen Überlappgraden (U > 50 %) und kleinen Oszillationsamplituden ($A_s \leq 0{,}3$ mm) auf den arithmetischen Mittenrauheitswert feststellen. Bei Verwendung von kleinen Überlappgraden entstehen an der Oberfläche nicht aufgeschmolzene Bereiche, welche zu einer Minderung der Nahtoberflächenrauheit führen. Diese nicht aufgeschmolzenen Bereiche zwischen den einzelnen Oszillationen, reduzieren ebenfalls maßgeblich die Einschweißtiefenkonstanz, welche dadurch den Ausgangszustand einer konventionellen Schweißung nicht erreichen kann. Nichtsdestotrotz lässt sich durch den Einsatz der örtlichen Leistungsmodulation in allen betrachteten Fällen eine Erhöhung der Nahtquerschnittsfläche realisieren, welche entscheidend für die technischen Eigenschaften einer jeder Schweißnaht ist.

5.2.2 Beeinflussung der Schweißnaht beim Laserstrahl-Mikroschweißen durch Verwendung einer zeitlichen Leistungsmodulation[4]

Im nachfolgenden Kapitel wird der Einsatz einen zeitlichen Leistungsmodulation hinsichtlich der in Kapitel 5.1 beschriebenen Qualitätskriterien untersucht. Wie in den Versuchen in [HEI11a] beschrieben wird, ergeben Schweißungen mit einer zeitlichen Leistungsmodulation in einem bestimmten Frequenzbereich um 400 Hz die besten Resultate hinsichtlich der Schmelzauswürfe und der Einschweißtiefenkonstanz beim Laserstrahlschweißen von Kupferbasis-legierungen.

Auch Untersuchungen für Frequenzen $f_t > 1$ kHz zeigen keine Verbesserungen im Hinblick auf die Nahtqualität an der Oberfläche. Bild 69 zeigt die Anzahl der Fehlstellen einer Naht in Relation zur Frequenz bei Verwendung einer zeitlichen Leistungsmodulation. Für die Realisierung einer zeitlichen Leistungsmodulation im kHz-Bereich wurde die Strahlablenkung mit Hilfe akustooptischer Deflektoren realisiert. Diese beruhen auf dem photoelastischen Effekt, der die durch eine Schallwelle hervorgerufene Änderung des Brechungsgitters eines optischen Mediums beschreibt. Da anders als bei Galvanometerscannern keine mechanischen Massen bewegt werden müssen, bietet sich diese Methodik für eine schnelle Modulation an.

Die Ergebnisse basieren auf vier Schweißungen je Parametersatz auf CuSn8 mittels einer Single-Mode Strahlquelle mit einem resultierenden Fokusdurchmesser von 27 µm und einer konstanten zeitlichen Leistungsamplitude von

[4] Die Ergebnisse in diesem Kapitel nehmen Bezug auf die Masterarbeit von Stephanie Hupka: Einfluss der zeitlichen Leistungsmodulation beim Laserstrahlmikroschweißen auf Nahtoberflächenrauheit, Einschweißtiefenkonstanz und Schmelzbaddynamik. Angefertigt am 09.08.2016. Betreuender Professor: Prof. Dr.-Ing. Sven Jüttner; 1. Wissenschaftlicher Betreuer: Dr.-Ing. Jörg Pieschel - Otto-von-Guericke-Universität Magdeburg, 2. Wissenschaftlicher Betreuer: André Häusler M.Sc. – RWTH Aachen University

58 W. Die Art der Fehlstellen, welche zur Realisierung der Ergebnisse berücksichtigt wurden, sind in Bild 68 dargestellt.

Bild 68:
Art der oberflächlichen Fehlstellen beim Schweißen mittels Laserstrahlung

CuSn8
P_m: 250 W
A_t: 58 W
v_f: 50 mm/s
d_f: 27 µm

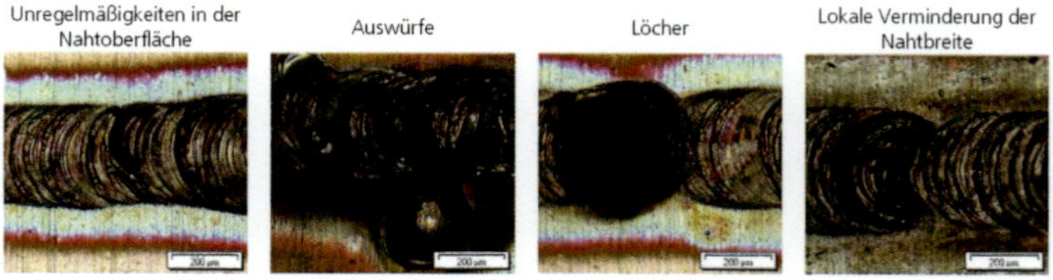

Dabei wurden neben den herkömmlichen oberflächlichen Nahtfehlern wie Auswürfe und Löcher, auch Unregelmäßigkeiten in der Nahtoberfläche, welche eventuell auch teilweise wieder aufgeschmolzen wurden und lokale Verminderungen der Nahtbreite, welche sich auch grundsätzlich auf die quantitative Messung der Nahtoberflächenrauheit auswirken, betrachtet.

Bild 69:
Anzahl der Fehlstellen in Relation zur Frequenz bei einer zeitlichen Leistungsmodulation

CuSn8
P_m: 250 W
A_t: 58 W
v_f: 50 mm/s
d_f: 27 µm

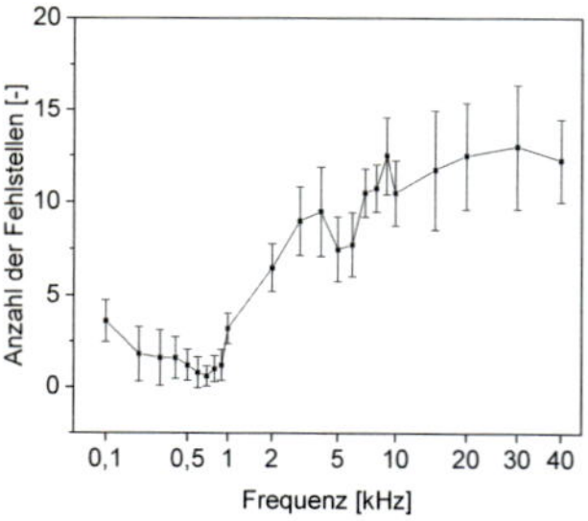

Der Einsatz der zeitlichen Leistungsmodulation führt bei niedrigeren Frequenzen $f_t < 1$ kHz zu einem Minimum der Anzahl der Fehlstellen zwischen 300 und 700 Hz. Eine weitere Erhöhung der Frequenz der zeitlichen Leistungsmodulation führt zu einer steten Erhöhung der Anzahl der Fehlstellen. Für die weiteren Untersuchungen werden daher Parameter gewählt, deren Frequenzbereich hinsichtlich der Reduzierung von Fehlstellen bereits eingegrenzt ist (300 Hz $\leq f_t \leq$ 600 Hz).

Bild 70 zeigt die Nahtbreite der Schweißungen mit zeitlicher Leistungsmodulation in Abhängigkeit der Frequenz und Amplitude sowie die Referenzschweißung ohne Leistungsmodulation. Die Nahtbreiten sind bei kleinen Amplituden A_t = 40 W bis zu 40 µm unter denen der Referenzschweißungen. Mit größer werdenden Amplituden zeigt sich eine deutliche Tendenz zu größeren Nahtbreiten. Die Definition der Nahtbreite ergibt sich dabei analog zu den Untersuchungen mit der Verwendung einer örtlichen Leistungsmodulation (s. Bild 56).

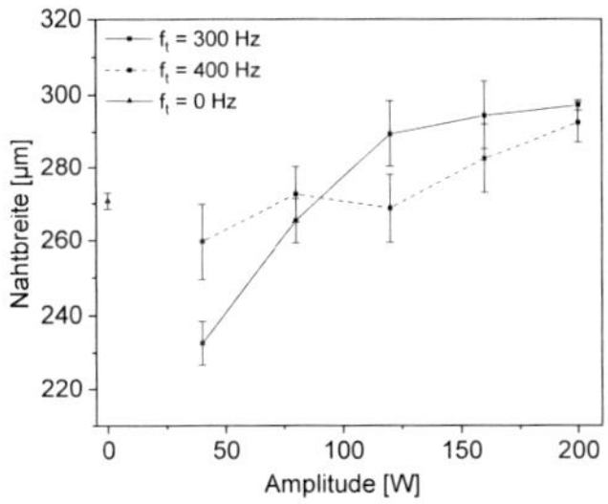

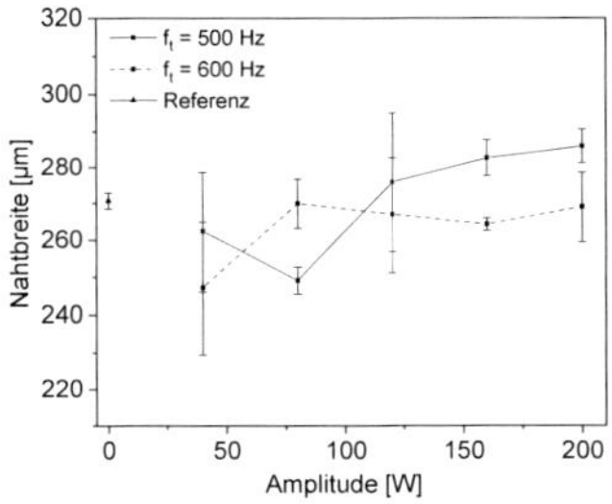

Bild 70:
Nahtbreite in Relation zur Amplitude bei Verwendung einer zeitlichen Leistungsmodulation

CuSn6
P_m: 220 W
v_f: 75 mm/s
links: f_t = 300 Hz, 400 Hz
rechts: f_t = 500 Hz, 600 Hz

Ein Einfluss der Frequenz auf die Nahtbreite ist aufgrund der teilweise hohen Standardabweichung über den untersuchten Parameterbereich nicht zu erkennen. Nichtsdestotrotz ist die Tendenz bei steigenden Frequenzen auch größere Nahtbreiten realisieren zu können für Amplituden $A_t \geq 120$ W erkennbar.

In Bild 71 ist zu erkennen, dass die Schweißnähte ohne und mit zeitlicher Leistungsmodulation eine veränderte Geometrie aufweisen. In Bezug auf die Breite der aufgeschmolzenen Bereiche bei Verwendung eines konventionellen Schweißprozesses (Bild 71 links), ist ein nahezu gleichmäßiger Verlauf der Schweißnaht in Bezug auf die Nahtbreite zu erkennen. Im Bild 71 rechts ist eine Schweißnaht mit zeitlicher Leistungsmodulation dargestellt, bei der die mittlere Laserleistung sinusförmig um eine Amplitude A_t = 200 W schwankt. Die dabei auftretenden Maxima und Minima in der Laserleistung führen zu einer Beeinflussung der Erstarrung an der Oberfläche, welche maßgeblich den Verlauf der Nahtbreite über die Nahtlänge beeinflusst.

Bild 71:
Draufsicht von Schweißnähten ohne und mit zeitlicher Leistungsmodulation

CuSn6
v_f = 75 mm/s
P_m = 220 W
links:
A_t = 0 W
f_t = 0 Hz
rechts:
A_t = 160 W
f_t = 300 Hz

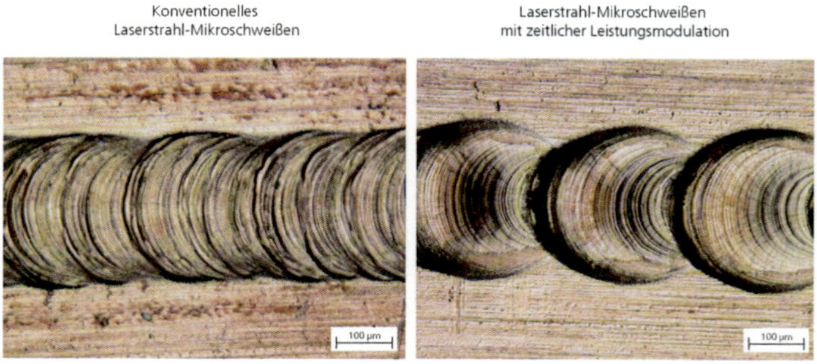

Bild 72 zeigt die Abhängigkeit des arithmetischen Mittenrauwertes Ra von der Amplitude beim Schweißen von CuSn6 mit Frequenzen der zeitlichen Leistungsmodulation zwischen 300 Hz und 600 Hz in 100 Hz Schritten mit der dazugehörigen Standardabweichung.

Bild 72:
Arithmetischer Mittenrauwert in Relation zur Amplitude bei Verwendung einer zeitlichen Leistungsmodulation

CuSn6
P_m: 220 W
v_f: 75 mm/s

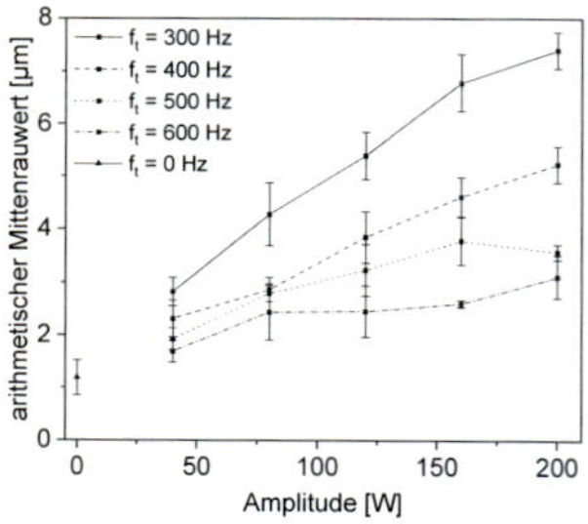

Ausgehend vom Referenzwert einer Schweißung ohne zeitliche Leistungsmodulation ist zu erkennen, dass bei allen Frequenzen mit steigender Amplitude der arithmetische Mittenrauwert ansteigt. Weiterhin ist ein Einfluss der Oszillationsfrequenz auf den Mittenrauwert erkennbar. Größere Oszillationsfrequenzen führen zu einer kleineren Steigung des Mittenrauwertes in Relation zur Amplitude. Der Mittenrauwert liegt ohne zeitliche Leistungsmodulation bei 1,2 µm und stellt somit das Minimum der Messungen dar. Der maximale Mittenrauwert liegt bei einer Amplitude von 200 W und einer Frequenz von 300 Hz vor und beträgt 7,4 µm. Anders als bei der Verwendung der örtlichen Leistungsmodulation kann durch den Einsatz einer zeitlichen Leistungsmodulation für arithmetischen Mittenrauwert keine Verringerung erzielt werden.

In Bild 73 sind die Erstarrungsfronten beim Einsatz einer zeitlichen Leistungsmodulation schematisch im Längsschliff und in der Draufsicht dargestellt. Bei

Schweißungen mit kontinuierlicher Laserleistung bildet sich die Schweißnaht aufgrund der konstanteren Energieeinbringung und Erstarrung gleichmäßig aus.

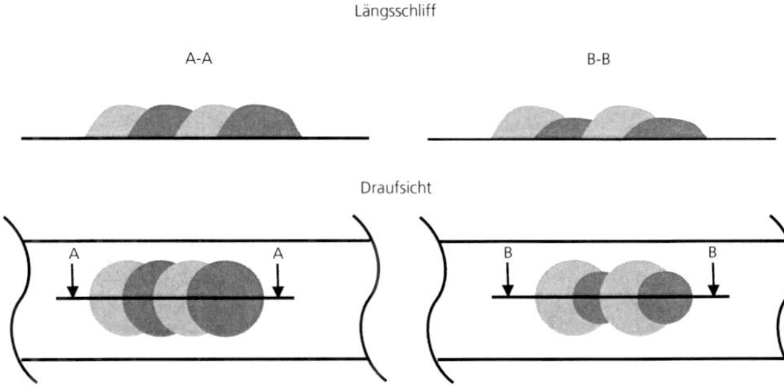

Bild 73:
Schematische Darstellung eines Längsschliffes und einer Draufsicht beim Laserstrahl-Mikroschweißen

links: konventionell
rechts: mit zeitlicher Leistungsmodulation

Durch die Verwendung einer Modulation, wodurch die Laserleistung während des Schweißprozesses variiert, kann eine Veränderung der Nahtgeometrie in Folge der geänderten Erstarrungsprozesse beobachtet werden. So steht die Schmelzbadfläche an der Nahtoberseite in direktem Zusammenhang mit der Laserleistung während des Fügeprozesses. Daraufhin bilden sich durch mehrfache Änderung der Laserleistung während des Schweißprozesses größere Schmelzbäder bei hohen Laserleistungen und kleinere Schmelzbäder bei geringeren Laserleistung aus, welche sich in der Form auch im erstarrten Zustand manifestieren. Durch die Variierung der erstarrten Schmelzbäder verändern sich auch die Höhen der einzelnen Schweißnahtbereiche. Die erstarrten Schmelzbäder unterscheiden sich dabei nicht nur in ihrer Fläche, sondern auch in der Höhe. So zeigt sich eine Beeinflussung der Nahtoberflächenkontur im Längsschnitt bei Variierung der Laserleistung, weshalb die größeren Mittenrauwerte bei größeren Amplituden der zeitlichen Leistungsmodulation zu beobachten sind.

Weiterhin ist durch die Versuche ersichtlich, dass die mittlere Rauheit bei größer werdender Frequenz abnimmt. So ist bei Schweißungen mit gleicher Amplitude jedoch unterschiedlicher Frequenz ein deutlicher Unterschied in der Oberflächenbeschaffenheit zu erkennen. In Bild 74 sind hierzu zwei oberflächennahe Teile der Längsschliffe abgebildet. In beiden Fällen sind die Versuche mit einer Amplitude von 200 W, jedoch mit den verschiedenen Frequenzen $f_{t,1}$ = 300 Hz und $f_{t,2}$ = 600 Hz durchgeführt.

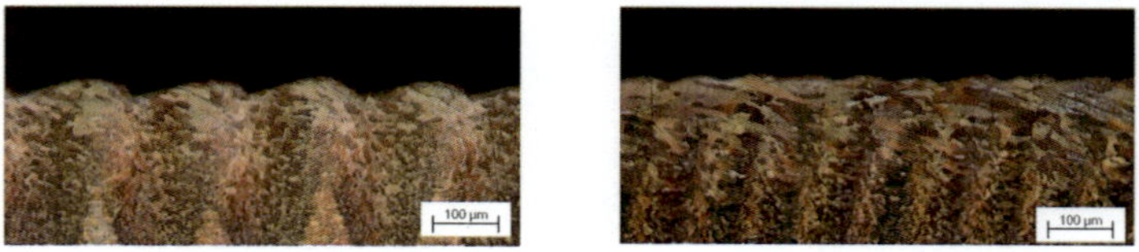

Bild 74:
Vergleich der Nahtoberfläche bei Verwendung unterschiedlicher Frequenzen der zeitlichen Leistungsmodulation

links: 300 Hz
rechts: 600 Hz

Die unterschiedliche Ausbildung der Oberflächenbeschaffenheit hängt mit der Periodendauer zusammen. Bei einer verwendeten Frequenz von 300 Hz mit einer Periodendauer von 3,3 ms hat die Leistungserhöhung und -verminderung mehr Zeit im Schweißprozess einzuwirken im Vergleich zur Frequenz von 600 Hz mit einer Periodendauer von 1,7 ms. Somit entstehen bei größeren Periodendauern größere Unterschiede zwischen Maxima und Minima, was dazu führt, dass die mittlere Rauheit mit steigender Frequenz abnimmt. In Bild 75 ist die maximale Rautiefe in Abhängigkeit der Amplitude der zeitlichen Leistungsmodulation bei unterschiedlichen Frequenzen dargestellt.

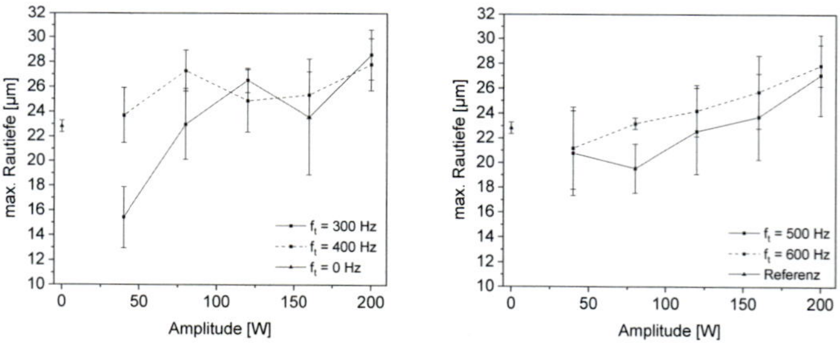

Bild 75:
Maximale Rautiefe in Abhängigkeit zur Amplitude bei Verwendung einer zeitlichen Leistungsmodulation

CuSn6
P_m: 220 W
v_f: 75 mm/s
links: f_t = 300 Hz, 400 Hz
rechts: f_t = 500 Hz, 600 Hz

Analog zur Messung des arithmetischen Mittenrauwertes ist auch bei der maximalen Rautiefe eine Steigerung des Messwertes bei größer werdenden Amplituden zu erkennen. Der Einfluss der Modulationsfrequenz ist bei der maximalen Rautiefe jedoch nicht zu erkennen. Bei kleinen Modulationsamplituden A_t = 40 W kann bei den Untersuchten Frequenzen zumindest der Referenzwert erreicht oder sogar verbessert werden. Die Erklärung einer steigenden Rautiefe basiert auf der gleichen Grundlage der unstetigen Erstarrung (s. Bild 73). Ergänzend dazu ist in Bild 76 das Höhenprofil einer konventionellen Schweißnaht und einer mit der Verwendung einer zeitlichen Leistungsmodulation in Falschfarben verglichen.

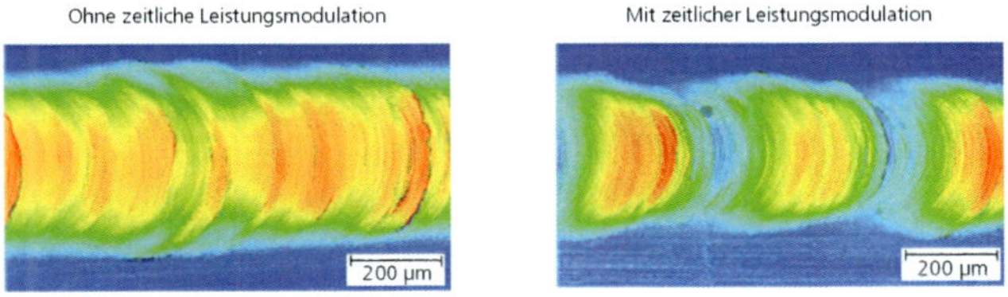

Bild 76:
Vergleich der Nahtüberhöhung in Falschfarben für konventionelles Nahtschweißen und mit Verwendung einer zeitlichen Leistungsmodulation

CuSn6
links:
P_L: 220 W
v_f: 75 mm/s
rechts:
P_m: 220 W
v_f: 75 mm/s
A_t: 40 W
f_t: 300 Hz

Auffällig ist, dass bei der Verwendung der zeitlichen Leistungsmodulation (zur Definition siehe Bild 14) beim Erreichen der minimalen Leistung während der sinusoidalen Änderung der Laserleistung ein deutlicher Rückgang der maximalen Rautiefe zu verzeichnen ist. Wird die Laserleistung über die mittlere Leistung P_m angehoben, zeigt sich auch eine deutliche Nahtüberhöhung im Höhenprofil. Diese lokalbegrenzten Erhöhungen sind teilweise deutlich höher als die beim konventionellen Schweißen ermittelten Maximalwerte, wodurch sich der Verlauf aus Bild 75 erklärt. So führen steigende Amplituden zu einer immer größer werdenden Nahtüberhöhung, die lokal begrenzt und von Bereichen getrennt ist, die annähernd das Höhenprofil des Ausgangsmateriales aufweisen.

Bei der Betrachtung der Einschweißtiefenschwankung beim Laserstrahl-Mikroschweißen mit zeitlicher Leistungsmodulation zeigt sich analog zur Verwendung einer örtlich überlagerten Oszillationsbewegung ein profilierter Einschweißtiefenverlauf mit periodisch auftretenden Einschweißtiefenmaxima.

Bild 77:
Vergleich der Längsschliffe von konventionellen Nahtschweißen und mit Verwendung einer zeitlichen Leistungsmodulation

CuSn6
links:
P_L: 220 W
v_f: 75 mm/s
rechts:
P_m: 220 W
v_f: 75 mm/s
A_t: 200 W
f_t: 600 Hz

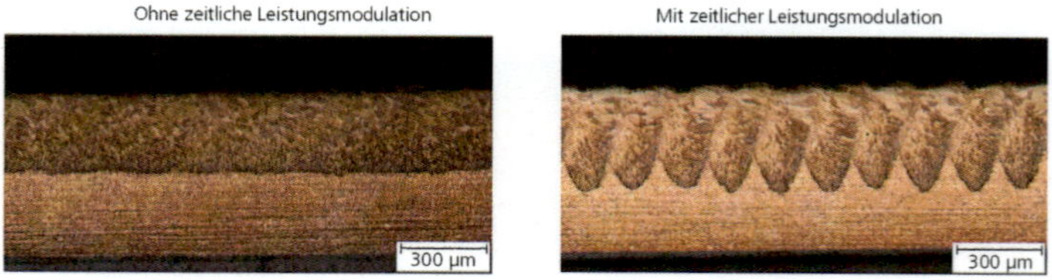

In Bild 77 sind die Längsschliffe von Schweißungen ohne (links) und mit der Verwendung einer zeitlichen Leistungsmodulation (rechts) dargestellt. Beim Erreichen eines Leistungsmaximums steigt dabei auch die Einschweißtiefe sprunghaft an, sodass der Längsschliff einer Pulsnaht ähnelt. Für Anwendungen, in denen besonders im tieferen Teil der Schweißnaht eine durchgehende Anbindung zum Erreichen der elektrischen oder thermischen Leitfähigkeit der Fügestelle gefordert ist, ist eben dieser Einschweißtiefenverlauf nachteilig. Die Einschweißtiefenschwankung in Relation zu Amplitude, welche in Bild 78 dargestellt ist, stützt diese These.

Bild 78:
Einschweißtiefen-konstanz bei Verwendung einer zeitlichen Leistungs-modulation

CuSn6
P_m: 220 W
v_f: 75 mm/s
links: f_t = 300 Hz, 400 Hz
rechts: f_t = 500 Hz, 600 Hz

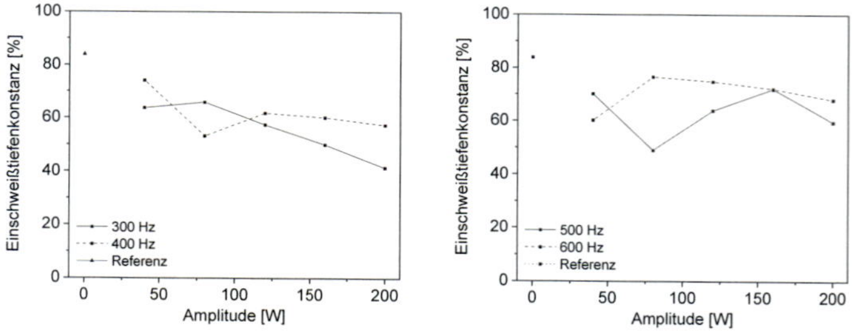

So führt die Verwendung einer zeitlichen Leistungsmodulation unweigerlich zu einer geringeren Einschweißtiefenkonstanz als ein vergleichbarer konventioneller Schweißprozess. Weiterhin zeigt sich eine Abhängigkeit der Modulationsfrequenz ab Amplituden $A_t \geq 120$ W. Für größer werdende Amplituden sinkt die Einschweißtiefenkonstanz auf bis zu 40 % im untersuchten Parameterbereich.

Die Untersuchungen der Einflussnahme einer zeitlichen Leistungsmodulation beim Laserstrahl-Mikroschweißen zeigen deutlich, dass eine Verbesserung der betrachteten Präzisionseigenschaften Einschweißtiefe und Nahtoberflächenrauheit nur in Einzelfällen realisiert werden kann. Besonders bei größeren Frequenzen $f_t \geq 500$ Hz und Amplituden $A_t \geq 120$ W kann eine Verringerung der Nahtoberflächenrauheit oder der Einschweißtiefenschwankung aufgrund des auftretenden unsteten Erstarrungsverhaltens nicht realisiert werden.

5.3 Auswirkungen auf die Qualitätskriterien beim Laserstrahlschweißen durch synchronisierte Kombination von örtlicher und zeitlicher Leistungsmodulation[5]

Wie im Kap. 5.2 gezeigt wurde, ist besonders im Hinblick auf die Einschweißtiefenkonstanz beim Laserstrahl-Mikroschweißen eine Verwendung der einzelnen Kompensationsstrategien der örtlichen oder zeitlichen Leistungsmodulation nicht vorteilhaft. Sowohl die Verwendung der zeitlichen als auch der örtlichen Leistungsmodulation führt zu einer periodischen Struktur des Einschweißtiefenverlaufes, welche sich nachteilig auf die Einschweißtiefenkonstanz auswirkt.

In diesem Kapitel sollen nun bei einer synchronisierten Verwendung der örtlichen und zeitlichen Leistungsmodulation diese nachteiligen Effekte kompensiert werden. Bei Oszillationsfrequenzen der örtlichen Leistungsmodulation $f_s > 1$ kHz ist hierbei auf die präzise Synchronisierung der beiden Prozessstrategien zu achten.

5.3.1 Systemtechnik zur Realisierung einer örtlich und zeitlich synchronisierten Leistungsmodulation

Zur Untersuchung des Einflusses einer synchronisierten örtlichen und zeitlichen Leistungsmodulation eines Laserstrahl-Mikroschweißprozesses auf die Präzisionseigenschaft der Einschweißtiefenkonstanz, muss die örtliche Auslenkung des Laserstrahls auf der Probe und die zeitliche Veränderung der Laserleistung zu jedem Zeitpunkt des Fügeprozesses definiert sein.

Die Systemtechnik dient grundlegend dazu, die Energieeinbringung örtlich und zeitlich aufgelöst bestimmen zu können, um daraus in einem zweiten Schritt die Streckenenergiedifferenz bei der örtlichen Leistungsmodulation, hervorgerufen durch die unterschiedliche Bahngeschwindigkeit, durch die zeitliche Leistungsmodulation auszugleichen (s. Bild 21). Die Streckenenergie ist dabei definiert nach Gl. 3.4.

Bei der Betrachtung der Streckenenergie wird im Allgemeinen von einer konstanten also nicht zeitabhängigen Energieeinbringung der Laserleistung in

[5] Die Ergebnisse in diesem Kapitel stammen teilweise aus der Masterarbeit von Jan Hubertus Conzen: Energieeinbringung beim Laserstrahl-Mikroschweißen unter Berücksichtigung von örtlich und zeitlich angepasster Energiedeposition. Angefertigt am 29.03.2018. Betreuender Professor: Prof. Dr. rer. Nat. Peter Loosen; Wissenschaftlicher Betreuer: André Häusler, M.Sc. – RWTH Aachen University

den Fügeprozess ausgegangen. Die globale Streckenenergie, definiert aus der Laserleistung P_L und der linearen Vorschubgeschwindigkeit v_f ergibt sich somit aus

5.7

$$E_{s,global} = \frac{P_L}{v_f}.$$

$E_{s,global}$: globale Streckenenergie [J]; P_L: Laserleistung [W]; v_f: Vorschubgeschwindigkeit [mm/s]

Diese globale Streckenenergie ist bei der Verwendung einer örtlichen und zeitlichen Leistungsmodulation konstant.

Die Messung bei einer Verwendung der örtlichen Leistungsmodulation hat jedoch gezeigt, dass die Energieeinbringung während der spiralförmigen Bahnbewegung nicht konstant ist (s. Bild 47). Das bedeutet, dass die Streckenenergie zum einen von einem zeitabhängigen Anteil der absorbierten Leistung und zum anderen von einer zeitabhängigen Geschwindigkeitskomponente beeinflusst wird.

5.8

$$E_{s,lokal}(t) = \frac{A(\mathrm{t}) \cdot P_L}{v_p(t)} = \frac{P_A(t)}{v_p(t)}$$

$E_{s,lokal}$: lokale Streckenenergie [J]; A: Absorptionsgrad [-]; P_A: absorbierter Anteil der Laserleistung [W]; v_p: Bahngeschwindigkeit [mm/s]; t: Zeit [s]; P_L: Laserleistung [W]

Da die Bahngeschwindigkeit durch die Überlagerung einer kreisförmigen und einer linearen Bewegung entlang einer Oszillationsperiode variiert, ist auch die Streckenenergie nicht konstant.

Die Bahngeschwindigkeit bei der Verwendung einer örtlichen Leistungsmodulation entspricht dabei der Gl. 3.5. Im Allgemeinen gilt für das Laserstrahl-Mikroschweißen

5.9

$$v_f \ll 2\pi \cdot f_s \cdot A_s,$$

v_f: Vorschubgeschwindigkeit [mm/s]; A_s: Oszillationsamplitude der örtlichen Leistungsmodulation [mm]; f_s: Oszillationsfrequenz der örtlichen Leistungsmodulation [Hz]

sodass sich die Bahngeschwindigkeit über eine Taylorreihenentwicklung bis zur 1. Ordnung mit

5.10 $$\frac{v_f}{2\pi \cdot f_s \cdot A_s} \rightarrow 0$$

v_f: Vorschubgeschwindigkeit [mm/s]; A_s: Oszillationsamplitude der örtlichen Leistungsmodulation [mm]; f_s: Oszillationsfrequenz der örtlichen Leistungsmodulation [Hz]

als

5.11 $$v_p \approx 2\pi \cdot f_s \cdot A_s - v_f \cdot \sin(2\pi \cdot f_s \cdot t)$$

v_p: Bahngeschwindigkeit [mm/s]; v_f: Vorschubgeschwindigkeit [mm/s]; A_s: Oszillationsamplitude der örtlichen Leistungsmodulation [mm]; f_s: Oszillationsfrequenz der örtlichen Leistungsmodulation [Hz]; t: Zeit [s]

annähern lässt. Die Unterschiede in der Bahngeschwindigkeit führen demnach zu einer Änderung in der Streckenenergie, welche sich ausschließlich quer zur Vorschubrichtung manifestiert (s. Bild 79).

Bild 79: Streckenenergieverteilung bei einer örtlichen Leistungsmodulation

A_s = 0,2 mm
f_s = 500 Hz
v_f = 75 mm/s
P_m = 300 W

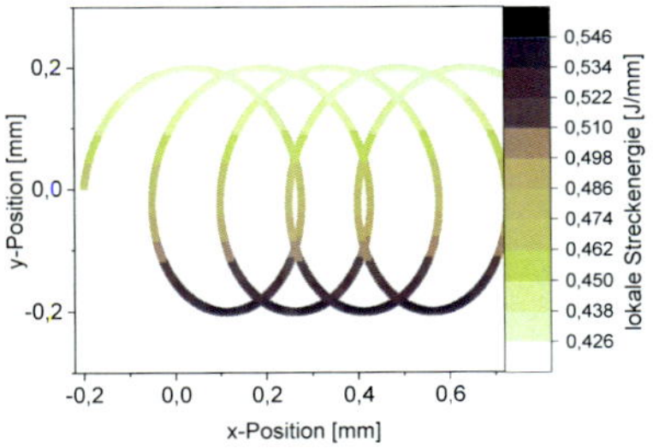

Zum Ausgleich der Streckenenergie und der damit verbundenen Schwankung in der Einschweißtiefe (vgl. Kapitel 5.2.1) muss die Leistung so angepasst werden, dass die durch die Bahngeschwindigkeitsunterschiede hervorgerufene Differenz in der Streckenenergie durch eine Modulation der Laserleistung kompensiert werden kann.

Zum Messen der Laserstrahlposition und der Laserleistung werden eine positionssensitive Diode (PSD) und ein Hochgeschwindigkeits-Dünnschicht-Leistungsmesskopf, wie in Bild 80 dargestellt, verwendet. Die Ansprechzeiten des Messkopfes liegen dabei bei 10 µs und die der PSD bei 0,3 µs. Bei den zu betrachtenden Frequenzen der örtlichen Leistungsmodulation $f_s \leq 2000$ Hz und der daraus resultierenden Modulation der Laserleistung zur Kompensation resultiert bei Anwendung des Nyquist-Shannon-Abtasttheorems

5.12
$$f_{abtast} > 2 \cdot f_{max}$$

f_{abtast}: Abtastfrequenz [Hz]; f_{max}: max. Frequenz [Hz]

dass mit einer Mindestabtastrate von 4000 Hz, also einer maximalen Ansprechzeit von 250 µs, gemessen werden muss, um das Messsignal genau zu rekonstruieren. Durch den verwendeten Leistungsmesskopf und der positionssensitiven Diode ist diese Bedingung erfüllt.

Bild 80:
Messaufbau zur Synchronisierung von örtlicher und zeitlicher Leistungsmodulation

nach [CON18]

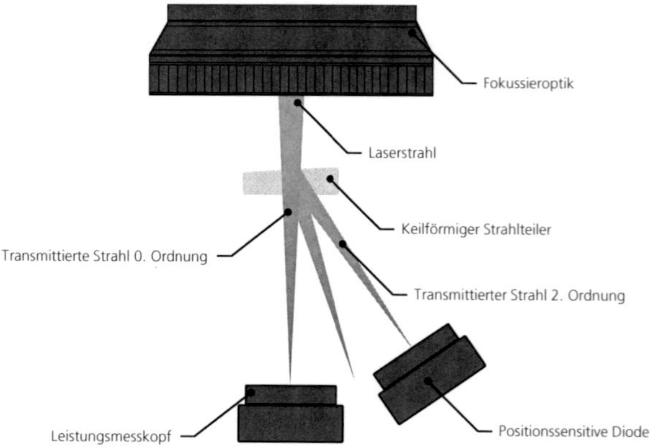

Zur gleichzeitigen Messung der Position des Laserstrahls und der Laserleistung wird der fokussierte Laserstrahl von einem keilförmigen Strahlteiler mit einem Reflexionsgrad von 5 % über Mehrfachreflexionen aufgeteilt. Dabei erfolgt die Bestimmung der Laserleistung über den transmittierten Strahl 0. Ordnung, da dieser die größte Sensitivität auf eine Änderung der Laserleistung aufweist. Die Positionsbestimmung erfolgt über den transmittierten Strahl 2. Ordnung, da dieser, auch im Fokus, über eine hinreichend geringe Strahlintensität verfügt, um die PSD nicht zu beschädigen. Durch die Positionierung der PSD nahe am Fokus wird eine hohe Messgenauigkeit der Strahlposition gewährleistet. Die Zeitdifferenz zwischen dem Auftreffen des Laserstrahls auf den Detektoren in diesem Versuch gegenüber dem Auftreffen des Laserstrahls auf die Proben in den Versuchen zur Messung des Einkoppelgrades ist dabei vernachlässigbar klein ($\Delta t < 1$ ns). Der Aufbau ermöglicht somit eine synchronisierte und zeitlich hochaufgelöste Messung sowohl der Laserleistung als auch der Position des Laserstrahls.

Die PSD gibt zwei von der Position des Laserstrahls auf der Detektorfläche abhängige Spannungssignale aus, welche die Position in x- und in y-Richtung wiedergeben. Bei der zeitlichen Leistungsmodulation wird das Spannungssignal $U_{Laser\text{-}On}$, welches für den Start des Lasers verantwortlich ist, abgegriffen und als Trigger für den Funktionsgenerator genutzt (siehe Bild 81). Der Funktionsgenerator gibt ein Gate gesteuertes Burst-Signal an den Laser ab, welches sich sowohl als konstantes (ohne Verwendung einer Leistungsmodulation) als auch sinusförmiges (mit Verwendung einer Leistungsmodulation) Spannungssignal U_{mod} einstellen lässt. Da der Rechner sowohl die Scannerbewegung als auch die Laserleistung steuert, sind nun die Startzeitpunkte der örtlichen und der zeitlichen Leistungsmodulationen miteinander gekoppelt. Bei der Verwendung gleicher Oszillationsfrequenzen existiert dann eine konstante Phasenverschiebung zwischen der örtlichen und der zeitlichen Leistungsmodulation.

Bild 81: Schematische Darstellung des Ansteuerprinzips des Galvanometerscanners und der Laserstrahlquelle

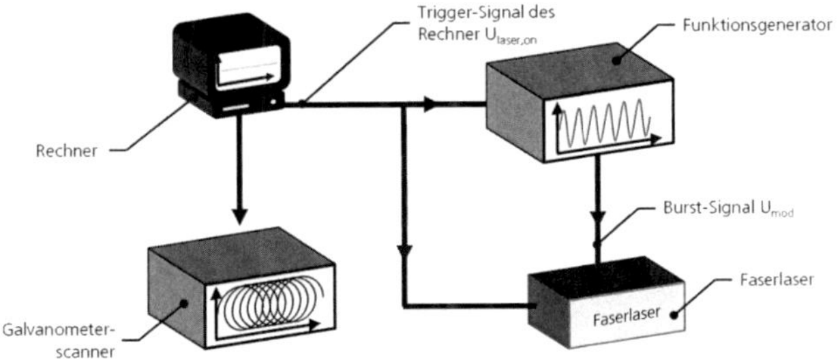

Diese lässt sich experimentell über die Messung der relativen Laserstrahlposition und der zeitgleichen Messung der Laserleistung bestimmen und durch eine angepasste Verzögerung angleichen. Bei den Messungen des Leistungsverlaufes und des positionsabhängigen Spannungsverlaufes wird eine Sinusfunktionsanpassung der Form

5.13 $$F(t) = f_0 + A_U \cdot \sin\big(2\pi \cdot f \cdot (t - t_0)\big)$$

F(t): Funktion [-]; f_0: y-Achsenverschiebung [V]; f: Frequenz [Hz]; t: Zeit [s]; t_0: x-Achsenverschiebung [s]; A_U: Spannungsamplitude [V]

durchgeführt. Die Frequenz entspricht dabei der entsprechenden Modulationsfrequenz. Aus den Sinusfunktionsanpassungen kann die Phasenverschiebung der örtlichen Leistungsmodulation t_s und der zeitlichen Leistungsmodulation t_t gegenüber der Prozessstartzeit extrahiert werden (siehe Bild 82).

Bild 82:
Phasenverschiebung gegenüber dem Prozessstart

Links: örtliche Leistungsmodulation
Rechts: zeitliche Leistungsmodulation

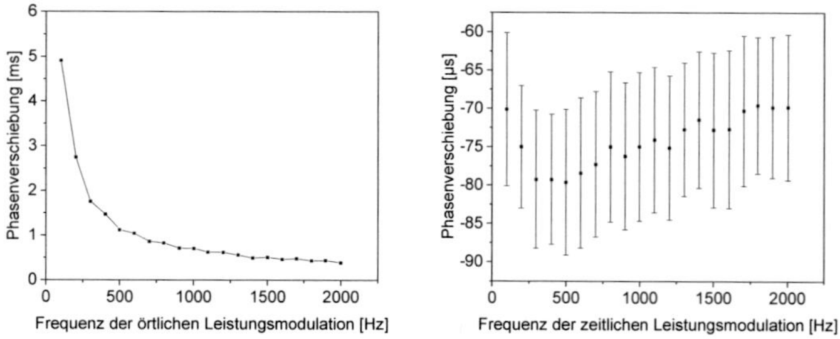

Für die zeitliche Leistungsmodulation liegen die Phasenverschiebungen t_t im Bereich zwischen -68 µs und -80 µs. Eine mögliche Frequenzabhängigkeit der Phasenverschiebung der zeitlichen Leistungsmodulation wird aufgrund der geringen absoluten Abweichung der Messwerte zueinander und der hohen statistischen Unsicherheit nicht betrachtet. Der statistischen Unsicherheit liegen drei Versuche mit den identischen Parametern zugrunde. Bei einer maximalen anwendbaren Ausgleichsfrequenz der zeitlichen Leistungsmodulation von $f_{t,max} \leq 2000$ Hz und der daraus resultierenden minimalen Periodentauer $T_{t,min} \geq 500$ µs ist lediglich eine Verschiebung von max. 16 % zu erwarten.

Da die örtliche Leistungsmodulation mit einer Bewegung in negative x-Richtung beginnt (s. Bild 23), ist die Phasenverschiebung frequenzabhängig. Diese Frequenzabhängigkeit kann mit einer Funktionsanpassung der Form

5.14
$$t_s = \left(t_{s,0} + \frac{1}{2 \cdot f_s}\right)$$

t_s: Phasenverschiebung der örtlichen Leistungsmodulation [s]; $t_{s,0}$: konstanter Anteil der Phasenverschiebung der örtlichen Leistungsmodulation [s]; f_s: Frequenz der örtlichen Leistungsmodulation [Hz]

durch die Messwerte in Bild 82 (links) beschrieben werden. Der aus der Anpassung ermittelte Wert für den konstanten Anteil der Phasenverschiebung beträgt $t_{s,0} = 167$ µs ± 12 µs.

Aus der Differenz der gemessenen Phasenverschiebungen

5.15
$$t_D = t_s - t_t$$

t_D: Phasenverschiebungsdifferenz [s]; t_s: Phasenverschiebung der örtlichen Leistungsmodulation [s]; t_t: Phasenverschiebung der zeitlichen Leistungsmodulation [s]

kann eine Verzögerung für die zeitliche Leistungsmodulation bestimmt werden. Durch diese wird die Synchronisation der Leistungsmodulationen ermöglicht, sodass die Laserleistung an die Bahngeschwindigkeit der örtlichen Leistungsmodulation angepasst wird und somit die Streckenenergie entlang der Trajektorie konstant ist.

5.3.2 Steuerung der Nahtgeometrie mittels örtlich und zeitlich synchronisierter Leistungsmodulation

Da der Einfluss der örtlichen Leistungsmodulation beim Schweißen im stationären Schmelzbadregime geringer ist, als im zirkulierenden, werden für die Betrachtung der Synchronisation zwischen örtlicher und zeitlicher Leistungsmodulation Parameter gewählt, welche ein zirkulierendes Schmelzbad erzeugen.

Der Ausgleich der Streckenenergie durch die Unterschiede in der Bahngeschwindigkeit und die damit verbundene Amplitude der zeitlichen Leistungsmodulation ergibt sich zu

5.16
$$A_t = \left|\frac{P_m}{2 \cdot \pi \cdot f_s \cdot A_s}\right| \cdot v_{p,max} - P_m$$

A_t: Amplitude der zeitlichen Leistungsmodulation [W]; P_m: Mittlere Laserleistung [W]; f_s: Frequenz der örtlichen Leistungsmodulation [Hz]; A_s: Amplitude der der örtlichen Leistungsmodulation [mm]; $v_{p,max}$: maximale Bahngeschwindigkeit [mm/s]

Bei den betrachteten Parametern beim Schweißen von CuSn6 mit $f_S = f_t = 500$ Hz und $A_s = 0{,}2$ mm bei einer Vorschubgeschwindigkeit $v_f = 75$ mm/s ergibt sich eine Amplitude der zeitlichen Leistungsmodulation von $A_t = 37$ W. Der zeitliche Verlauf des Einkoppelgrades bei eben dieser Parameterkonstellation ist in Bild 83 dargestellt.

Bild 83:
Zeitlicher Verlauf des Einkoppelgrades beim Schweißen mit synchronisierter Leistungsmodulation

CuSn6
v_f = 75 mm/s
P_m = 314 W
A_s = 0,2 mm
f_s = 500 Hz
A_t = 37 W
f_t = 500 Hz

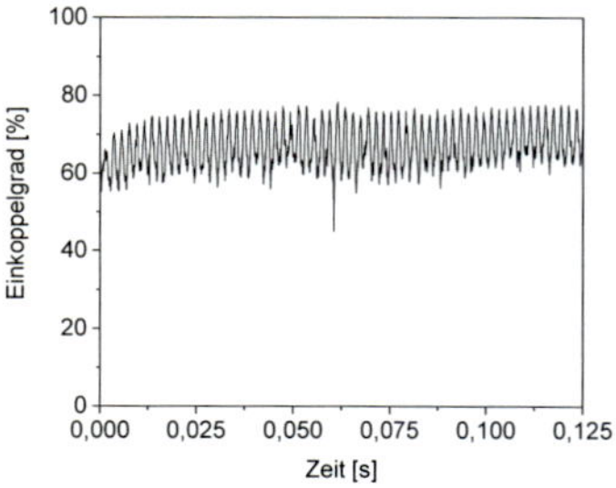

Der Einkoppelgrad oszilliert wie erwartet mit einer Frequenz von 500 Hz, die der zeitlichen und örtlichen Oszillationsfrequenz entspricht. Der örtlich aufgelöste Einkoppelgrad und die daraus resultierende Streckenergie sind in Bild 84 dargestellt

Bild 84:
Ortsaufgelöster Verlauf des Einkoppelgrades (links) und der Streckenenergie (rechts) beim Schweißen mit synchronisierter Leistungsmodulation

CuSn6
v_f = 75 mm/s
P_m = 314 W
A_s = 0,2 mm
f_s = 500 Hz
A_t = 37 W
f_t = 500 Hz

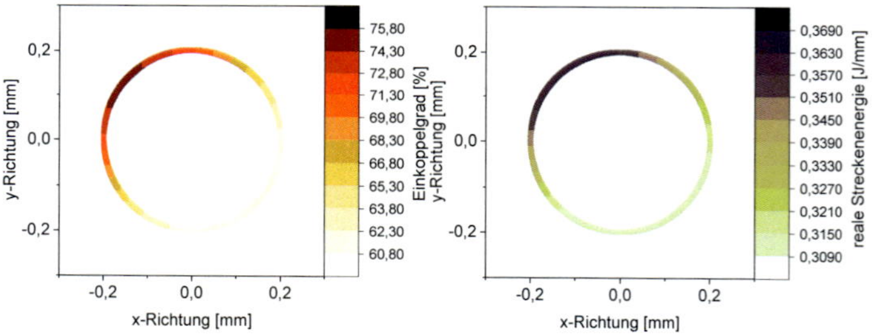

Der ortsaufgelöste Verlauf des Einkoppelgrades zeigt, dass bei einem Oszillationswinkel von 26°± 5° ein minimaler Einkoppelgrad von 60 % und bei 218°± 5° ein maximaler Einkoppelgrad von 75 % vorliegt. Die Maxima und Minima des Einkoppelgrades stimmen damit nicht mit denen der Bahngeschwindigkeit überein. Dies liegt zum einen daran, dass sich der Einkoppelgrad und auch die Bahngeschwindigkeit nur näherungsweise sinusförmig ändern und zum anderen an der durch die zeitliche Leistungsmodulation hervorgerufene Änderung der Energieeinbringung durch die sinusförmige Modulation. Die aus der eingekoppelten Leistung und der Bahngeschwindigkeit berechneten lokalen Streckenenergie beim Schweißen mit synchronisierter Leistungsmodulation beträgt bei 108° 0,310 J/mm ± 0,015 J/mm und repräsentiert das Minimum. Die maximale Streckenenergie beträgt 0,363 J/mm ± 0,015 J/mm und wird bei etwa 235° erreicht. Die sich daraus ergebene Differenz zwischen der maximalen und der minimalen Streckenergie beträgt somit 0,053 J/mm± 0,02 J/mm. Dies stellt im Vergleich zu einer Schweißung mit einer reinen örtlichen Leistungsmodulation eine Erhöhung der Streckenenergiekonstanz um den Faktor 2 dar, da hierbei eine Abweichung von 0,105 J/mm ± 0,02 J/mm gemessen wurde.

Zur Beurteilung der Beeinflussung einer synchronisierten Leistungsmodulation auf die Nahtgeometrie sind analog zu Bild 64 und Bild 65 dreidimensionale Schliffe angefertigt, welche ebenfalls die Abhängigkeit zwischen Streckenenergie- und Einschweißtiefendifferenz aufzeigen sollen. Das dabei betrachtete Schmelzbadregime bzw. die Parameterkonstellation entspricht dabei den untersuchten Parametern aus Bild 83 und Bild 84.

Die Schweißnahtgeometrie bei Verwendung einer reinen örtlichen Leistungsmodulation ist in Bild 85 (links) dargestellt.

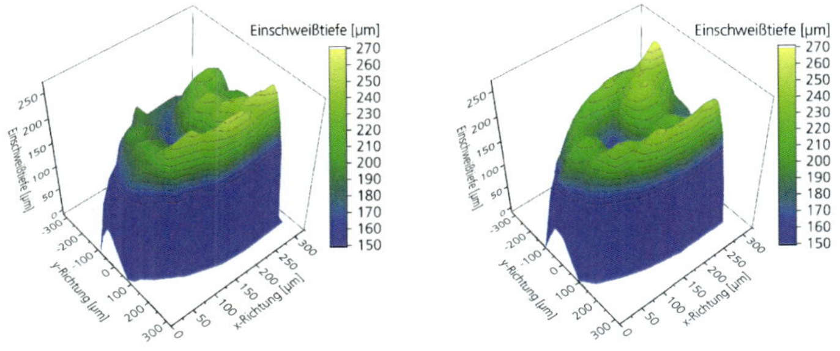

Bild 85:
Dreidimensionale Nahtgeometrie beim Schweißen mit synchronisierter Leistungsmodulation

links: örtliche Leistungsmodulation
rechts: synchronisierte Leistungsmodulation
CuSn6
v_f = 75 mm/s
P_m = 314 W
A_s = 0,2 mm
f_s = 500 Hz
A_t = 37 W
f_t = 500 Hz

Zu erkennen ist, dass die Einschweißtiefe quer zur Vorschubrichtung eine Einschweißtiefendifferenz aufgrund der unterschiedlichen Vorschubgeschwindigkeiten und damit auch Streckenenergien aufweist. Die Differenz der Einschweißtiefe beträgt in dem betrachteten Bereich ca. 40 µm. Demgegenüber zeigt die Nahtgeometrie des Fügeprozess mit synchronisierter Leistungsmodulation eine gleichmäßigere Einschweißtiefe quer zur Vorschubrichtung mit einer Differenz der Einschweißtiefe von nur noch ca. 7 µm.

Durch Reduzierung des Unterschiedes der Streckenenergie konnte somit die beim Schweißen mit örtlicher Leistungsmodulation auftretenden Differenzen in der Einschweißtiefe aufgrund der asymmetrischen Bahnbewegung um mehr als den Faktor 5 reduziert werden.

6 Zusammenfassung

Das Laserstrahl-Mikroschweißen bietet mit den industriell erhältlichen Faserlasern ein großes Potential, Metalle, die besonders aufgrund ihrer Materialeigenschaften schwierig zu bearbeiten sind, prozesssicher zu fügen. Beim Schweißen von Kupferbasislegierungen mittels Laserstrahlung ist nicht nur allein die geringe Absorption bei einer Wellenlänge von ≈ 1 µm, sondern auch die temperaturabhängigen Materialkonstanten Wärmeleitung und Wärmespeicherkapazität entscheidend für eine stabile Prozessführung.

Die geringe Absorption erfordert beim Schweißen von Kupferbasislegierungen zum Erreichen der Schwellintensität zum Laserstrahltiefschweißen entweder einen geringen Fokusdurchmesser oder eine hohe Laserleistung, welche in Anbetracht einer thermischen Schädigung des Gesamtbauteils vernachlässigt werden kann. Diese geringen Fokusdurchmesser führen bei den allgegenwärtigen elektrischen Kupferverbindungen zu geringen Anbindungsbreiten, welche durch den Einsatz einer örtlichen Leistungsmodulation kompensiert werden können.

Beim Einsatz einer örtlichen Leistungsmodulation, welche auf einer kreisförmigen Überlagerung der linearen Vorschubbewegung basiert, zeigt sich, dass diese einen Einfluss sowohl auf die Präzision als auch auf die Effizienz des Fügeprozesses nimmt. Ein konventioneller Laserstrahlschweißprozess produziert im untersuchten Parameterraum die Hälfte des aufgeschmolzenen Volumens als ein vergleichbarer Schweißprozess mit örtlicher Leistungsmodulation. Dabei kann die Effizienzsteigerung durch zwei unterschiedliche Prozessrandbedingungen erklärt werden. Zum einen werden durch die spiralförmige Bahnbewegung die Wärmeleitungsverluste in das Bauteil minimiert, da diese teilweise in der überlagerten Kreisbewegung wieder genutzt werden können. Zum anderen ändert sich aufgrund der erhöhten Bahngeschwindigkeit die Neigung des Keyholes, welche sich signifikant auf den Einkoppelgrad beim Laserstrahltiefschweißen auswirkt.

Zur Messung der multiplen Wechselwirkung zwischen Licht und Materie während des Tiefschweißprozesses wurde die entsprechende Messtechnik in Form eines Doppel-Ulbrichtkugel-Aufbaus entwickelt, welche eine in situ Messung des Einkoppelgrades beim Laserstrahl-Mikroschweißen zulässt. Mithilfe der Messvorrichtung konnte gezeigt werden, dass innerhalb der spiralförmigen Geometrie ein Unterschied in der Energieeinbringung um etwa 20 % stattfindet. Dabei finden sich die lokalen Minima der Energieeinbringung ortsaufgelöst in Richtung der Vorschubgeschwindigkeit wohingegen die Maxima entgegen der

Vorschubgeschwindigkeit lokalisiert werden konnten. Dies ist jedoch nicht begründet in einem größeren Neigungswinkel der Dampfkapillare bei hohen Bahngeschwindigkeiten, sondern viel mehr im Überfahren von bereits aufgeschmolzenen Material, mit der daraus resultierenden Änderung der temperaturabhängigen Materialkonstanten und der Reduzierung der zum Verdampfen des Metalls benötigten Energiemenge. So finden sich die Extrema in der Energieeinkopplung nicht an den gleichen Winkelpositionen, wie die Extrema der Vorschubgeschwindigkeit, sondern sind um ca. 90° in der Phase verschoben.

Der Einsatz einer örtlichen Leistungsmodulation zeigt bei der Präzision mit der Nahtoberflächenrauheit als quantifizierbare Größe für oberflächliche Nahtfehler einen positiven Einfluss. So konnte der arithmetische Mittenrauwert der Nahtoberfläche aufgrund einer Stabilisierung der Schmelzbaddynamik um den Faktor drei reduziert werden. Die Nahtüberhöhung zeigt ebenfalls eine signifikante Reduzierung in der Höhe, welche sich durch Materialumverteilung aufgrund der größeren Nahtbreite erklären lässt. Die Einschweißtiefe wird aufgrund der asymmetrischen Bahnbewegung und der daraus resultierenden Fluktuation der lokalen Streckenenergie negativ beeinflusst, was sich in einer Einschweißtiefenänderung quer zur Vorschubrichtung zeigt. Hierbei wird ebenfalls der Einfluss des Überlappgrades der gewählten Parameter auf die resultierende Nahtgeometrie ersichtlich. So zeigt sich, dass bei der Wahl von kleinen Überlappgraden nicht aufgeschmolzene Bereiche innerhalb der Oszillationsbewegung entstehen, welche aufgrund des Wärmeleitungseffektes immer noch eine Steigerung der Effizienz mit sich bringen, jedoch keine vollständig geschlossene Nahtgeometrie liefern.

Die Verwendung einer zeitlichen Leistungsmodulation beim Schweißen von CuSn6 wird für die Anzahl an Fehlstellen in der Nahtoberfläche für Frequenzen $f_t \leq 40$ kHz untersucht. Die Frequenzen, bei denen ein Minimum in den oberflächlichen Nahtfehlern zu erkennen ist, liegen zwischen 300 Hz und 700 Hz. Die Betrachtung der Schweißungen mit Verwendung einer zeitlichen Leistungsmodulation im Sinne der dargestellten Präzisionseigenschaften zeigt sowohl bei der Nahtoberflächenrauheit als auch bei der Einschweißtiefenkonstanz einen negativen Einfluss, welcher auf ein geändertes Erstarrungsverhalten bei den Leistungsextrema, hervorgerufen durch die sinusförmige Modulation, zurückzuführen ist.

Weiterhin ist ein Messaufbau realisiert worden, welche in der Lage ist, die örtliche und zeitliche Leistungsmodulation für Frequenzen < 2 kHz zu synchronisieren. Mit Hilfe der Synchronisation der beiden Kompensationsmethoden besteht die Möglichkeit, die aufgrund der asymmetrischen Bahnbewegung der örtlichen Leistungsmodulation mit kreisförmiger Oszillation auftretenden Unterschiede in der Bahngeschwindigkeit und in der Streckenenergie auszugleichen. Die Streckenenergie steht dabei in direktem Zusammenhang mit den aus den dreidimensionalen Schliffen ersichtlichen Unterschieden in der Einschweißtiefe quer zur Vorschubrichtung. Im vorliegenden Fall konnte gezeigt werden, dass durch eine Minimierung der Streckenenergiedifferenz eine Verringerung der Asymmetrie der Nahtgeometrie quer zur Vorschubrichtung, trotz asymmetrischer Bahnbewegung und –geschwindigkeit, erreicht werden kann. Die Unterschiede in der Einschweißtiefendifferenz quer zur Vorschubrichtung konnten somit von 40 µm auf 7 µm reduziert werden, was aufgrund der Messunsicherheit bei der Messung der Quer- bzw. Längsschliffe einem vollständigen Ausgleich nahekommt.

Der Einsatz einer kombinierten und synchronisierten örtlichen und zeitlichen Leistungsmodulation erweitert den Gestaltungshorizont der Nahtgeometrie beim Laserstrahl-Mikroschweißen nochmals erheblich. Durch die Möglichkeit unabhängig der Winkelposition gezielt die Laserleistung und somit die Streckenenergie zu ändern, führt zu neuen Möglichkeiten der Nahtgestaltung. Dabei sind der Form der zeitlichen Leistungsmodulation innerhalb der Prozessparameter keine Grenzen gesetzt. Diese kann dabei nicht nur, über eine Oszillation hinaus eine Anpassung der Laserleistung vornehmen, sondern in Kombination dazu auch über die gesamte Nahtlänge, sodass abhängig von den Materialparametern ein Prozess zur Erzeugung eines „Tailored Joint" möglich ist.

7 Ausblick

Die Gestaltung einer symmetrischen und konstanten Nahtgeometrie durch Verwendung einer örtlichen und zeitlich synchronisierten Leistungsmodulation beim Schweißen von artgleichen Metallen hat gezeigt, dass dieses Verfahren ein hohes Potential besitzt, um beispielsweise beim Fügen im Stumpfstoß von artungleichen Materialien eigesetzt zu werden.

Die Ergebnisse zur Energieeinbringung beim Schweißen mit zeitlicher und örtlicher Leistungsmodulation zeigen, wie sensibel der Fügeprozess vom eigentlichen Einkoppelgrad der Laserstrahlung abhängt. Da der Einkoppelgrad durchaus von der Absorption, also der einfachen Wechselwirkung zwischen Licht und Materie, abhängt, ist eine Stabilisierung durch Verwendung von Strahlquellen mit einer weniger fluktuierenden Form der Energieübertragung auf das Material zu untersuchen. Dabei bieten sich neben den in jüngsten wissenschaftlichen Untersuchungen betrachteten Strahlquellen mit grüner (λ = 515/530 nm) und blauer (λ = 450 nm) Wellenlänge ebenfalls Laser im ultravioletten Spektrum ($\lambda \approx$ 355 nm) an. Die quantitativ größere Absorption dieser Strahlquellen bei der Bearbeitung von Kupferbasislegierungen und damit prozentual kleinere Schwankung bei Inhomogenität in der Energieeinbringung stellt eine erste Untersuchungsgrundlage zur weiteren Beeinflussung der Effizienz und der Präzision beim Laserstrahl-Mikroschweißen dar. Dabei ist besonders der Einfluss der Strahlqualität und damit eventuell verbundenen Änderungen des Prozessregimes zu betrachten. Weiterhin sollte die These der vereinfachten singulären Absorptionsprozessen an der Kapillarwand beim Laserstrahl-Tiefschweißen hinsichtlich einer homogenen Energieverteilung betrachtet und dabei insbesondere die Energieeinbringung während der Keyholeentstehung analysiert werden.

Bild 86:
Steigerung der Prozessfreiheitsgrade in Abhängigkeit an das Prozessdesign

Nach [SCH12]

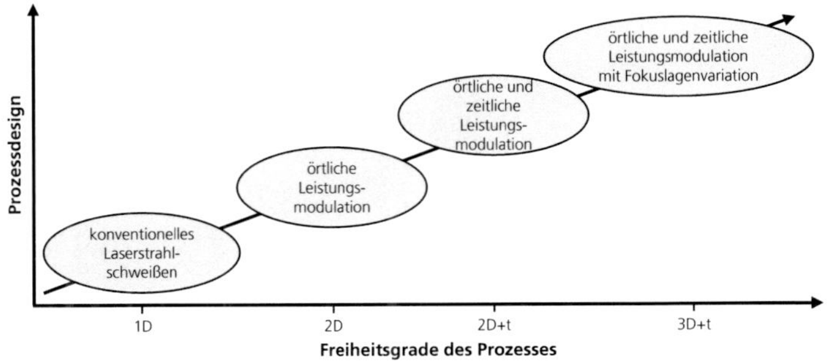

Eine weitere Möglichkeit zur Beeinflussung des Fügeprozesses und insbesondere der Dampfkapillare besteht in einer Variierung der Fokuslage, um das dynamische Verhalten der Dampfkapillare und damit die Energieeinbringung und die Prozessstabilität zu manipulieren (s. Bild 86). Weiterhin besteht ein direkter Zusammenhang aus Defokussierung des Laserstrahls und resultierender Einschweißtiefe. Eine dynamische Variierung der Fokuslage kann somit zum Ausgleich der durch die örtliche Leistungsmodulation hervorgerufenen asymmetrischen Einschweißtiefe beitragen.

8 Anhang

8.1 Herleitung Bahngeschwindigkeit örtliche Leistungsmodulation

Bild 87: Schematische Darstellung für die Herleitung der Bahngeschwindigkeit

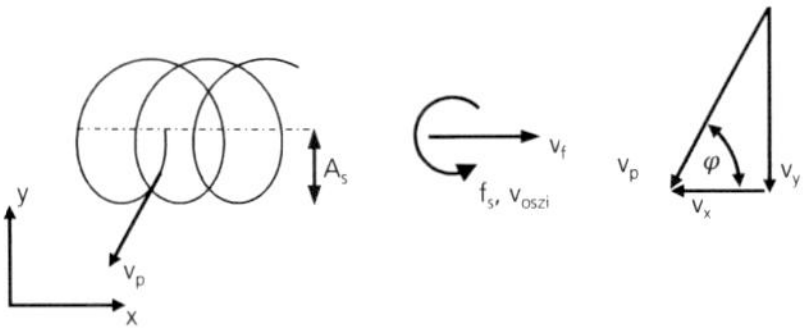

v_p: Bahngeschwindigkeit [mm/s]; v_x: Geschwindigkeit in x-Richtung [mm/s]; v_y: Geschwindigkeit in y-Richtung [mm/s]; A_s: Oszillationsamplitude der örtlichen Leistungsmodulation [mm]; f_s: Oszillationsfrequenz der örtlichen Leistungsmodulation [Hz]; v_{oszi}: Oszillationsgeschwindigkeit [mm/s]; φ: Oszillationswinkel [°]

Zur Herleitung der Bahngeschwindigkeit folgt aus

8.1
$$v_p = \sqrt[2]{{v_{x,ges}}^2 + {v_y}^2}$$

v_p: Bahngeschwindigkeit [mm/s]; $v_{x,ges}$: gesamte Geschwindigkeit in x-Richtung [mm/s]; v_y: Geschwindigkeit in y-Richtung [mm/s]

mit

8.2
$$v_{x,ges} = v_f - v_x \;\Rightarrow\; v_{x,ges} = v_f - v_{oszi} \cdot \cos\varphi$$

v_p: Bahngeschwindigkeit [mm/s]; $v_{x,ges}$: gesamte Geschwindigkeit in x-Richtung [mm/s]; v_f: Vorschubgeschwindigkeit [mm/s]; v_{oszi}: Oszillationsgeschwindigkeit [mm/s]; φ: Oszillationswinkel [°]

und

8.3
$$\varphi = 2 \cdot \pi \cdot f_s \cdot t$$

φ: Oszillationswinkel [°]; f_s: Oszillationsfrequenz der örtlichen Leistungsmodulation [Hz]; t: Zeit [s]

sowie

8.4 $$v_y = v_{oszi} \cdot \sin\varphi$$

v_y: Geschwindigkeit in y-Richtung [mm/s]; v_{oszi}: Oszillationsgeschwindigkeit [mm/s]; φ: Oszillationswinkel [°]

und

8.5 $$v_{oszi} = 2 \cdot \pi \cdot f_s \cdot A_s$$

v_{oszi}: Oszillationsgeschwindigkeit [mm/s]; φ: Oszillationswinkel [°]; A_s: Oszillationsamplitude der örtlichen Leistungsmodulation [mm]

8.6 $$v_p = \sqrt[2]{\left(v_f - 2 \cdot \pi \cdot f_s \cdot A_s \cdot \cos(2 \cdot \pi \cdot f_s \cdot t)\right)^2 + (2 \cdot \pi \cdot f_s \cdot A_s \cdot \sin(2 \cdot \pi \cdot f_s \cdot t))^2}$$

v_p: Bahngeschwindigkeit [mm/s]; v_f: Vorschubgeschwindigkeit [mm/s]; A_s: Oszillationsamplitude der örtlichen Leistungsmodulation [mm]; f_s: Oszillationsfrequenz der örtlichen Leistungsmodulation [Hz]

8.2 Näherung der Bahngeschwindigkeit örtlicher Leistungsmodulation

Die Bahnbewegung bei Verwendung einer örtlichen Leistungsmodulation mit einer dem linearen Vorschub überlagerten kreisförmigen Bewegung wird mit

8.7 $$\begin{pmatrix} x(t) \\ y(t) \end{pmatrix} = \begin{pmatrix} v_f \cdot t + A_s \cdot cos(2\pi \cdot f_s \cdot (t - t_s)) \\ -A_s \cdot sin(2\pi \cdot f_s \cdot (t - t_s)) \end{pmatrix}$$

x: Raumkoordinate in Vorschubrichtung [mm]; y: Raumkoordinate transversal zur Vorschubrichtung [mm]; v_f: Vorschubgeschwindigkeit [mm/s]; A_s: Oszillationsamplitude der örtlichen Leistungsmodulation [mm]; f_s: Oszillationsfrequenz der örtlichen Leistungsmodulation [Hz]; t: Zeit [s]; t_s: Phasenverschiebung [s];

Beschrieben. Der Betrag der Ableitung nach der Zeit entspricht dabei der Bahngeschwindigkeit (vgl. Gl. 8.6). Umgeformt ergibt sich

8.8
$$v_p(t) = \sqrt{{v_f}^2 + (2\pi \cdot f_s \cdot A_s)^2 - 4\pi \cdot v_f \cdot f_s \cdot A_s \cdot sin(2\pi \cdot f_s \cdot t)}$$

v_p: Bahngeschwindigkeit [mm/s]; v_f: Vorschubgeschwindigkeit [mm/s]; A_s: Oszillationsamplitude der örtlichen Leistungsmodulation [mm]; f_s: Oszillationsfrequenz der örtlichen Leistungsmodulation[Hz]; t: Zeit [s]

sowie

8.9
$$v_p(t) = 2\pi \cdot f_s \cdot A_s \sqrt{\left(\frac{v_f}{2\pi \cdot f_s \cdot A_s}\right)^2 + 1 - \frac{2v_f}{2\pi \cdot f_s \cdot A_s} \cdot sin(2\pi \cdot f_s \cdot t)}$$

v_p: Bahngeschwindigkeit [mm/s]; v_f: Vorschubgeschwindigkeit [mm/s]; A_s: Oszillationsamplitude der örtlichen Leistungsmodulation [mm]; f_s: Oszillationsfrequenz der örtlichen Leistungsmodulation[Hz]; t: Zeit [s]

Für das Laserstrahl-Mikroschweißen gilt im Allgemeinen

8.10
$$v_f \ll 2\pi \cdot f_s \cdot A_s = v_{oszi}$$

v_p: Bahngeschwindigkeit [mm/s]; v_f: Vorschubgeschwindigkeit [mm/s]; A_s: Oszillationsamplitude der örtlichen Leistungsmodulation [mm]; f_s: Oszillationsfrequenz der örtlichen Leistungsmodulation[Hz]; v_{oszi}: Oszillationsgeschwindigkeit [mm/s]; t: Zeit [s]

Dadurch lässt sich die Bahngeschwindigkeit über eine Taylorreihe bis zur 1. Ordnung beschreiben durch

8.11
$$v_{Bahn}(t) = \frac{2\pi \cdot f_s \cdot A_s\sqrt{1}}{0!} + \frac{2\pi \cdot f_s \cdot A_s}{1! \cdot 2 \cdot \sqrt{1}} \cdot \frac{-2 \cdot sin(2\pi \cdot f_s \cdot t)}{2\pi \cdot f_s \cdot A_s} \cdot v_f + O({v_f}^2)$$

v_p: Bahngeschwindigkeit [mm/s]; v_f: Vorschubgeschwindigkeit [mm/s]; A_s: Oszillationsamplitude der örtlichen Leistungsmodulation [mm]; f_s: Oszillationsfrequenz der örtlichen Leistungsmodulation[Hz]; t: Zeit [s]

sodass gilt

8.12 $$v_{Bahn}(t) \approx 2\pi \cdot f_s \cdot A_s - v_f \cdot sin(2\pi \cdot f_s \cdot t)$$

v_p: Bahngeschwindigkeit [mm/s]; v_f: Vorschubgeschwindigkeit [mm/s]; A_s: Oszillationsamplitude der örtlichen Leistungsmodulation [mm]; f_s: Oszillationsfrequenz der örtlichen Leistungsmodulation[Hz]; t: Zeit [s]

8.3 Ergänzende Bilder

Bild 88: Phasenkontrastmethode mittels Röntgenstrahlung beim Laserstrahlschweißen

[MIY16]

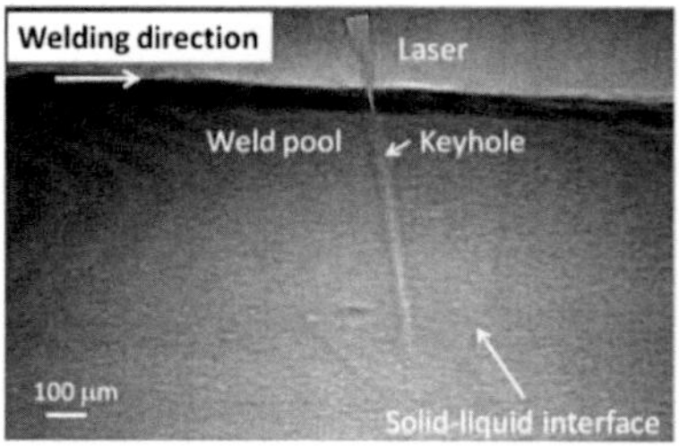

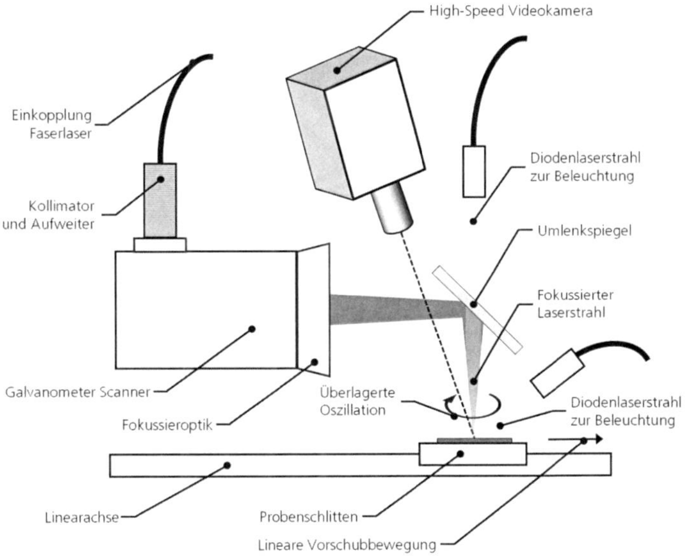

Bild 89:
Schematische Darstellung des Versuchsaufbaus zur Hochgeschwindigkeitsvideographie

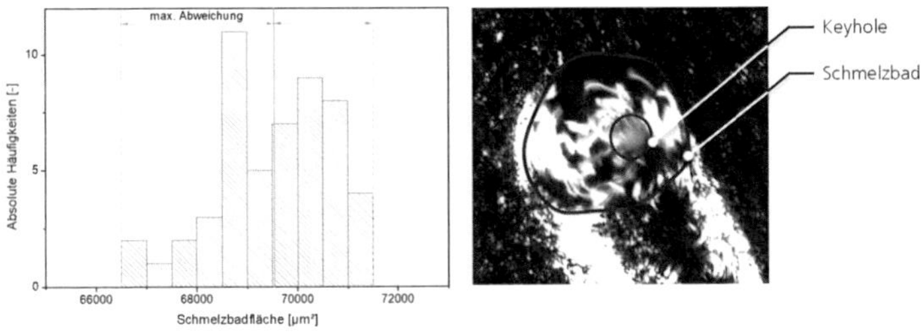

Bild 90:
Bewertung der Messunsicherheit

Links: Histogramm der Schmelzbadfläche von 50 Messungen mit max. Abweichung vom Mittelwert

Rechts: Gemessene Schmelzbadfläche

Bild 91:
Bewertung der Abtastfrequenz bei der Messung der Schmelzbadfläche

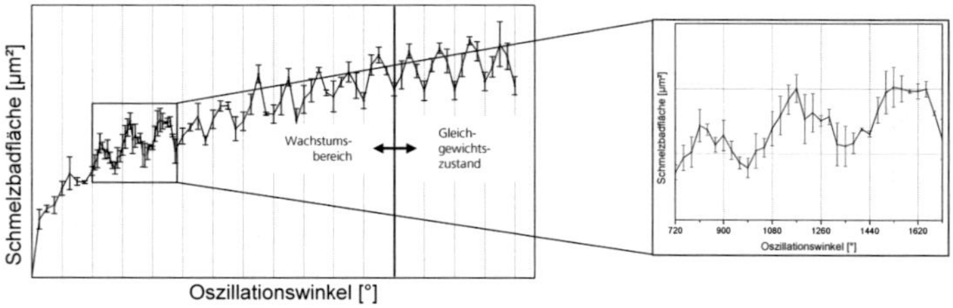

8.4 Eigenschaften der verwendeten Strahlquellen

Tab. 7:
Charakteristische Eigenschaften des Diodenlasers Diolak 80

Technische Eigenschaften	Symbol	Einheit	Wert
Wellenlänge	λ	[nm]	808
Maximale Leistung	P_{max}	[W]	50
Rohstrahldurchmesser	d_{Strahl}	[mm]	15

Tab. 8:
Charakteristische Eigenschaften des Faserlasers SPI400C

Technische Eigenschaften	Symbol	Einheit	Wert
Wellenlänge	λ	[nm]	1070
Maximale Leistung	P_{max}	[W]	400
Rohstrahldurchmesser	d_{Strahl}	[mm]	5
Beugungsmaßzahl	M^2	[-]	< 1.1

9 Abbildungsverzeichnis

10 Tabellenverzeichnis

11 Literaturverzeichnis

[AUV16] Auvinen, Heidi; Järvi, Tuuli; Kloetzke, Matthias; Kugler, Ulrike; Bühne, Jan-André; Heinl, Felix et al. (2016): Electromobility Scenarios. Research Findings to Inform Policy. In: *Transportation Research Procedia* 14, S. 2564–2573. DOI: 10.1016/j.trpro.2016.05.346.

[BEC96] Beck, Markus (1996): Modellierung des Lasertiefschweißens. Zugl.: Stuttgart, Univ., Diss. Stuttgart: Teubner (Laser in der Materialbearbeitung Forschungsberichte des IFSW) (S. 38, 62-69).

[BEL15] Belforte, D. (2015): Fiber lasers continue growth streak in 2014 laser market. Industrial Laser Solutions. Online verfügbar unter https://www.industrial-lasers.com/cutting/article/16485552/fiber-lasers-continue-growth-streak-in-2014-laser-market-streak-in-2014-laser-market, zuletzt geprüft am 24.07.2019.

[BEL18] Belforte, D. (2018): 2017 was a great year -- for industrial lasers. Industrial Laser Solutions. Online verfügbar unter https://www.industrial-lasers.com/micromachining/article/16485205/2017-was-a-great-year-for-industrial-lasers, zuletzt geprüft am 24.07.2019.

[BER13] Berger, P.; Hügel, Helmut (2013): Fluid dynamic effects in keyhole welding - an attempt to characterize different regimes. In: *Lasers in Manufacturing Conference*.

[BLO03] Bloom, Antoon; Dunias, Paraskevas; van Engen; Piet (2003): Process spread reduction of lase micro-spot welding of thin copper party using real-time control. In: *Photon Processing in Microelectronics and Photonics II*.

[BRI17] Britten, Simon (2017): Bauteilschonende Verbindungstechnik auf Metallisierungen durch moduliertes Laserstrahlschweißen. Joining of thermally-sensitive components with metallization by modulated laser beam welding. 1. Auflage. Aachen: Apprimus Verlag (Edition Wissenschaft) (S. 2).

[CHA00] Chang, C.-L. (2000): Berechnung der Schmelzbadgeometrie beim Laserstrahlschweißen mit Mehrfokustechnik: Herbert Utz Verlag München.

[CHO12] Cho, Won-Ik; Na, Suck-Joo; Thomy, Claus; Vollertsen, Frank (2012): Numerical simulation of molten pool dynamics in high power disk laser welding. In: *Journal of Materials Processing Technology* 212 (1), S. 262–275. DOI: 10.1016/j.jmatprotec.2011.09.011.

[COU13] Courtois, Mickael; Carin, Muriel; Le Masson, Philippe; Gaied, Sadok; Balabane, Mikhaël (2013): A new approach to compute multi-reflections of laser beam in a keyhole for heat transfer and fluid flow modelling in laser welding. In: *J. Phys. D: Appl. Phys.* 46 (50), S. 505305. DOI: 10.1088/0022-3727/46/50/505305.

[DEU15] Deutsche Edelstahlwerke GmbH (2015): 1.4301. Werkstoff Datenblatt.

[DIN10] DIN e.V.: DIN EN ISO 4287:2010, Geometrische Produktspezifikation (GPS) - Oberflächenbeschaffenheit: Tastschnittverfahren - Benennungen, Definitionen und Kenngrößen der Oberflächenbeschaffenheit.

[DKI05a] DKI Deutsches Kupferinstitut (2005): Cu-ETP. Werkstoff Datenblatt. Online verfügbar unter https://www.kupferinstitut.de/fileadmin/user_upload/kupferinstitut.de/de/Documents/Shop/Verlag/Downloads/Werkstoffe/Datenblaetter/Kupfer/Cu-ETP.pdf.

[DKI05b] DKI Deutsches Kupferinstitut (2005): CuFe2P. Werkstoff-Datenblätter.

[DKI05c] DKI Deutsches Kupferinstitut (2005): CuSn6. Werkstoff-Datenblätter.

[DOW17] Dowden, John Michael (2017): The theory of laser materials processing. Heat and mass transfer in modern technology. Second edition. Cham: Springer (Springer series in materials science, 119) (S. 89-91, 348-350).

[DÜR03] Dürr, U.; Holtz, R.; Westphäling, T. (2003): Materialspezifische Pulsleistungsmodulation beim Laserstrahl-Mikroschweißen. In: *Tagunsgband Laser in der Elektronikproduktion und Feinwerktechnik (LEF).*

[ENG11] Engler, Sebastian; Ramsayer, Reiner; Poprawe, Reinhart (2011): Process Studies on Laser Welding of Copper with Brilliant Green and Infrared Lasers. In: *Physics Procedia*.

[ERH00] Erhardt, Andreas (2000): Steigerung der Prozesssicherheit beim Laserstrahlschweissen von Aluminiumlegierungen. Als Ms. gedr. Aachen: Shaker (Berichte aus der Chemie).

[ERI10] Eriksson, Ingemar; Gren, Per; Powell, John; Kaplan, Alexander F. H. (2010): New high-speed photography technique for observation of fluid flow in laser welding. In: *Optical Engineering*.

[FAB10] Fabbro R. (2010): Melt pool and keyhole behaviour analysis for deep penetration laser welding. In: *Journal of Physics D: Applied Physics*.

[FAB05] Fabbro Rémy, Sonia Slimani, Fréderic Coste and Francis Briand (2005): Study of keyhole behaviour for full penetration Nd–Yag CW laser welding. In: *Journal of Physics D: Applied Physics*.

[FET15] Fetzer, F.; Jarwitz, Michael; Stritt, Peter; Weber, R.; Graf, T. (2015): Laser Power Modulation to Minimize the Electrical Resistance of Aluminum-Copper Welds. In: *Proceedings Lasers in Manufacturing Conference 2015*, S. 1–8.

[FET18] Fetzer, Florian; Sommer, Martin; Weber, Rudolf; Weberpals, Jan-Philipp; Graf, Thomas (2018): Reduction of pores by means of laser beam oscillation during remote welding of AlMgSi. In: *Optics and Lasers in Engineering* 108, S. 68–77. DOI: 10.1016/j.optlaseng.2018.04.012.

[FRA17] Franco, Diana (2017): Wobbling laser beam welding of copper. Dissertation. Lissabon. (S. 20-21).

[GED07] Gedicke, J.; Olowinsky, A.; Artal, J.; Gillner, A. (2007): Influence of Temporal and Spatial Laser Power Modulation on Melt Pool Dynamics. In: Yongfeng Lu (Hg.): ICALEO 2007 Congress Proceedings // Congress proceedings. October 29 - November 1, 2007, Hilton in the Walt Disney World Resort, Orlando, FL, USA ; [including] Laser Materials Processing Conference, Laser Microprocessing Conference [and] Nanomanufacturing Conference. [Orlando, Fla.]: Laser Institute of America (610 = 100), S. 816–822.

[GED10] Gedicke, J.; Olowinsky, A.; Mehlmann, B. (2010): Laser Beam Welding of DCB Substrates. In: *Proceedings of LPM2010*.

[GED11] Gedicke, Jens (2011): Robuste Prozessführung beim Laserstrahl-Mikroschweißen mit hochbrillanten Strahlquellen. Aachen: Shaker (Berichte aus der Lasertechnik). Online verfügbar unter http://www.worldcat.org/oclc/748694636 (S. 4, 54-57).

[GEI09] Geiger, M.; Leitz, K.-H.; Koch, H.; Otto, A. (2009): A 3D transient model of keyhole and melt pool dynamics in laser beam welding applied to the joining of zinc coated sheets. In: *Prod. Eng. Res. Devel.* 3 (2), S. 127–136. DOI: 10.1007/s11740-008-0148-7.

[GRU17] Grupp, Michael; Reinermann, Nils (2017): Copper Welding with High-Brightness Fiber Lasers. In: *LTJ* 14 (3), S. 25–29. DOI: 10.1002/latj.201700014.

[HEI18] Heider, Andreas (2018): Erweitern der Prozessgrenzen beim Laserstrahlschweißen von Kupfer mit Einschweißtiefen zwischen 1 mm und 10 mm // Erweitern der Prozessgrenzen beim Laserstrahlschweißen von Kupfer mit Einschweißstiefen zwischen 1 mm und 10 mm. München: Herbert Utz Verlag (Laser in der Materialbearbeitung) (S. 29-33, 91-92).

[HEI11a] Heider, Andreas; Hess, Axel; Weber, Rudolf; Graf, Thomas (2011): Stabilized Copper Welding by Using Power Modulated Green and IR Laser Beams. In: *Institut für Strahlwerkzeuge, Stuttgart*.

[HEI11b] Heider, Andreas; Stritt, Peter; Hess, Axel; Weber, Rudolf; Graf, Thomas (2011): Process Stabilization at welding Copper by Laser Power Modulation. In: *Physics Procedia* 12, S. 81–87. DOI: 10.1016/j.phpro.2011.03.011.

[HEI15] Heider, Andreas; Weber, Rudolf; Herrmann, Dirk; Herzog, Peter; Graf, Thomas (2015): Power modulation to stabilize laser welding of copper. In: *Journal of Laser Applications* 27 (2), S. 22003. DOI: 10.2351/1.4906127.

[HER17] Hering, Ekbert; Martin, Rolf (2017): Optik für Ingenieure und Naturwissenschaftler. Grundlagen und Anwendungen : mit zahlreichen Bildern, Tabellen, Beispielen. München: Fachbuchverlag Leipzig im Carl Hanser Verlag (S. 162-165).

[HES12] Hess, Axel (2012): Vorteile und Herausforderungen beim Laserstrahlschweißen mit Strahlquellen höchster Fokussierbarkeit. München: Utz, Herbert (Laser in der Materialbearbeitung, 71). Online verfügbar unter http://www.worldcat.org/oclc/812247953 (S. 23, 32-35, 98-108, 114).

[HU15] Hu, Bao; Hu, Shengsun; Shen, Junqi; Li, Yang (2015): Modeling of keyhole dynamics and analysis of energy absorption efficiency based on Fresnel law during deep-penetration laser spot welding. In: *Computational Materials Science* 97, S. 48–54. DOI: 10.1016/j.commatsci.2014.09.031.

[HÜG09] Hügel, Helmut; Dausinger, Friedrich; Graf, Thomas (2009): Laser in der Fertigung. Strahlquellen, Systeme, Fertigungsverfahren. 2., neu bearb. Aufl. Wiesbaden: Teubner (Studium). Online verfügbar unter http://www.worldcat.org/oclc/255440364 (S. 116-120, 213-215, 230-242).

[JAR15] Jarwitz, Michael; Fetzer, F.; Stritt, Peter; Weber, R.; Graf, T. (2015): Influence of laser power modulation on the time-resolved temperature distribution in the weld pool during laser welding of copper to aluminum. In: *Proceedings Lasers in Manufacturing Conference 2015*, S. 1–8.

[JAR18] Jarwitz, Michael; Fetzer, Florian; Weber, Rudolf; Graf, Thomas (2018): Weld Seam Geometry and Electrical Resistance of Laser-Welded, Aluminum-Copper Dissimilar Joints Produced with Spatial Beam Oscillation. In: *Metals* 8 (7), S. 510. DOI: 10.3390/met8070510.

[JIN12] Jin, Xiangzhong; Cheng, Yuanyong; Zeng, Licheng; Zou, Yufeng; Zhang, Honggui (2012): Multiple Reflections and Fresnel Absorption of Gaussian Laser Beam in an Actual 3D Keyhole during Deep-Penetration Laser Welding. In: *International Journal of Optics* 2012 (2), S. 1–8. DOI: 10.1155/2012/361818.

[JOH72] Johnson, P. B.; Christy, R. W. (1972): Optical Constants of the Noble Metals. In: *Phys. Rev. B* 6 (12), S. 4370–4379. DOI: 10.1103/PhysRevB.6.4370.

[KAN18] Kang, Minjung; Han, Heung Nam; Kim, Cheolhee (2018): Microstructure and Solidification Crack Susceptibility of Al 6014 Molten Alloy Subjected to a Spatially Oscillated Laser Beam. In: *Materials (Basel, Switzerland)* 11 (4). DOI: 10.3390/ma11040648.

[KAP12a] Kaplan, Alexander F.H. (2012): Fresnel absorption of 1µm- and 10µm-laser beams at the keyhole wall during laser beam welding. Comparison between smooth and wavy surfaces. In: *Applied Surface Science* 258 (8), S. 3354–3363. DOI: 10.1016/j.apsusc.2011.08.086.

[KAP12b] Kaplan, Alexander F.H. (2012): Local absorptivity modulation of a 1µm-laser beam through surface waviness. In: *Applied Surface Science* 258 (24), S. 9732–9736. DOI: 10.1016/j.apsusc.2012.06.020.

[KAP02] Kaplan, Alexander F. H.; Mizutani, Masami; Katayama, Seiji; Matsunawa, Akira (2002): Keyhole laser spot welding, S. 169925. DOI: 10.2351/1.5066203.

[KAT14] Katayama, S. (2014): Understanding and improving process control in pulsed and continuous wave laser welding: Woodhead Publishing, 27.03.2014 (S. 182-194).

[KAT95] Katayama, S.; Takemoto, T.; Matsunawa, A. (1995): Effect of pulse shape on melting characteristics in pulsed laser spot welding. In: *Proc. ICALEO 1995*.

[KAW11] Kawahito, Yousuke; Matsumoto, Naoyuki; Abe, Youhei; Katayama, Seiji (2011): Relationship of laser absorption to keyhole behavior in high power fiber laser welding of stainless steel and aluminum alloy. In: *Journal of Materials Processing Technology* 211 (10), S. 1563–1568. DOI: 10.1016/j.jmatprotec.2011.04.002.

[KAW12] Kawahito, Yousuke; Matsumoto, Naoyuki; Abe, Youhei; Katayama, Seiji (2012): Laser absorption of aluminium alloy in high brightness and high power fibre laser welding. In: *Welding International* 26 (4), S. 275–281. DOI: 10.1080/09507116.2011.590667.

[KLA06] Klages, Kilian (2006): Laserstrahl-Mikroschweissen ungleicher Metalle durch Nahtschweissen mit gepulsten Nd:YAG-Lasern. Aachen: Shaker (S. 1-4).

[KOC02] Kocheny Steven, Zybko Jerry (2002): Three Approaches in Utilizing High Power Diode Laser to Join Thermoplastics. In: *SPE Antec*.

[KRA11] Kraetzsch, Mathias; Standfuss, Jens; Klotzbach, Annett; Kaspar, Joerg; Brenner, Bernd (2011): Laser Beam Welding with High-Frequency Beam Oscillation: Welding of Dissimilar Materials with Brilliant Fiber Lasers. In: *Physics Proceidia*, S. 142–149.

[LAN15] Langhorst, Mirko (2015): Beherrschung von Schweißverzug und Schweißeigenspannungen. Dissertation. München. Herbert Utz Verlag GmbH, S. 25-28.

[LEI09] Leimser, Markus (2009): Strömungsinduzierte Einflüsse auf die Nahteigenschaften beim Laserstrahlschweißen von Aluminiumwerkstoffen. München: Utz, Wiss. (Laser in der Materialbearbeitung). Online verfügbar unter http://www.worldcat.org/oclc/644482127 (S. 19-20).

[MAH07] Mahrle, Achim; Beyer, Eckhard (2007): Control of the energy deposition during laser beam welding by oscillation techniques.

[MAN14] Mann, Vincent; Hugger, Florian; Roth, Stephan; Schmidt, Michael (2014): Influence of Temperature and Wavelength on Optical Behavior of Copper Alloys. In: *AMM* 655, S. 89–94. DOI: 10.4028/www.scientific.net/AMM.655.89.

[MAR05] Martukanitz, R.; Stol, I.; Tressler, J. F.; Warren, C. J. (2005?): Development of the Laser Stir Welding Process for Aluminum Laser Beam Welding. In: Andreas Ostendorf, Anthony Hoult und Yongfeng Lu (Hg.): ICALEO 2005 Congress Proceedings // ICALEO 2005. Congress proceedings 2005, Miami, Florida, October 31-November 3. Orlando, FL: Laser Institute of America (#598, vol. 98), S. 712–718.

[MEH14a] Mehlmann, Benjamin (2014): Spatially Modulated Laser Beam Micro Welding of CuSn6 and Nickel-plated DC04 Steel for Battery Applications. In: *JLMN* 9 (3), S. 276–281. DOI: 10.2961/jlmn.2014.03.0019.

[MEH14b] Mehlmann, Benjamin; Gehlen, Elmar; Olowinsky, Alexander; Gillner, Arnold (2014): Laser Micro Welding for Ribbon Bonding. In: *Physics Procedia* 56, S. 776–781. DOI: 10.1016/j.phpro.2014.08.085.

[MEI06] Meier, O. (2006): Hochfrequentes Strahlpendeln zur Erhöhung der Prozessstabilität beim Laserstrahlschweißen mit hoher Schmelzbaddynamik. In: *Abschlussbericht AiF-Vorhaben 13600N*.

[MIC04] Michel, Jan (2004): Approximatives Modell für das Tiefschweißen mit Laserstrahlung. Zugl.: Aachen, Techn. Hochsch., Diss., 2003. Aachen: Shaker (Berichte aus der Lasertechnik) (S. 24-25).

[MIY16] Miyagi, M.; Kawahito, Y.; Katayama, S.; Kawakami, H.; Shoubu, T. (2016): Observation of Keyhole and Melt Pool Dynamics in Laser Welding of Al Alloy by X-ray Phase-contrast Method.

[MÜL14] Müller, A.; Goecke, S. F.; Rethmeier, M. (2014): Laser beam oscillation for fillet welding. In: *Weld World* 58 (6), S. 865–872. DOI: 10.1007/s40194-014-0165-4.

[NEU13] Neugebauer; U. Götze (2013): Energetisch-wirtschaftliche Bilanzierung – Diskussion der Ergebnisse des Spitzentechnologieclusters eniPROD. Unter Mitarbeit von A. Hälsig und P. Mayr.

[NÜS18] Nüsser, Christian (2018): Lasermikropolieren von Metallen. Dissertation. Aachen. Apprimus Verlag. 1. Auflage (Ergebnisse aus der Lasertechnik), (S. 8-10).

[OLO08] Olowinsky, Alexander; Boglea, Andrei; Gedicke, Jens (2008): Innovative Laser Welding Processes. TWIST and SHADOW in Microtechnology. In: *LTJ* 5 (3), S. 48–51. DOI: 10.1002/latj.200890027.

[OTT97] Otto, Andreas (op. 1997): Transiente Prozesse beim Laserstrahlschweissen. Bamberg: Meisenbach (Fertigungstechnik - Erlangen,(S. 65).

[OTT16] Otto, Andreas; Patschger, Andreas; Seiler, Michael (2016): Numerical and Experimental Investigations of Humping Phenomena in Laser Micro Welding. In: *Physics Procedia* 83, S. 1415–1423. DOI: 10.1016/j.phpro.2016.09.004.

[OVE19] Overton, G.; Nogee, A.; Belforte, D.; Wallace, J.; Gefvert, B. (2019): Annual Laser Market Review & Forecast 2019: What goes up… LaserFocusWorld. Online verfügbar unter https://www.laserfocusworld.com/lasers-sources/article/16556290/annual-laser-market-review-forecast-2019-what-goes-up, zuletzt geprüft am 23.07.2019.

[PAR08] Parthier, Rainer (2008): Messtechnik. Grundlagen und Anwendungen der elektrischen Messtechnik für alle technischen Fachrichtungen und Wirtschaftsingenieure. 4., verbesserte Auflage. Wiesbaden: Friedr. Vieweg & Sohn Verlag GWV Fachverlage GmbH, Wiesbaden (Studium Technik) (S. 12-14).

[POP05] Poprawe, Reinhart (2005): Lasertechnik für die Fertigung. Grundlagen, Perspektiven und Beispiele für den innovativen Ingenieur ; mit 26 Tabellen. Berlin: Springer (VDI-Buch) (S. 257-259).

[POP11] Poprawe, Reinhart (2011-2012): Tailored Light 2. Berlin: Springer (S. 7, 16, 36).

[POP18a] Poprawe, Reinhart (2018): SFB1120: Bauteilpräzision durch Beherrschung von Schmelze und Erstarrung in Produktionsprozessen. RWTH Aachen. Online verfügbar unter http://www.sfb1120.rwth-aachen.de, zuletzt aktualisiert am 20.07.2018, zuletzt geprüft am 09.10.2018.

[POP18b] Poprawe, Reinhart; Boucke, Konstantin; Hoffman, Dieter (2018): Tailored Light 1. High Power Lasers for Production. Berlin, Heidelberg: Springer Berlin Heidelberg (RWTHedition) (S. 126-130).

[RAK95] Rakić, A. D. (1995): Algorithm for the determination of intrinsic optical constants of metal films: application to aluminum. In: *Applied optics* 34 (22), S. 4755–4767. DOI: 10.1364/AO.34.004755.

[RAM05] Ramsayer, Reiner (2005): Prozessstabilisierung beim gepulsten Laserstrahl-Mikroschweißen von Kupferwerkstoffen (S. 29-33).

[RUS03] Russek, Ulrich A.; Palmen, A.; Staub, H.; Poehler, J.; Wenzlau, C.; Otto, G. et al. (2003): Laser beam welding of thermoplastics, S. 458. DOI: 10.1117/12.478606.

[SAP16] SAPA Technology (2016): Werkstoffdatenblatt EN AW-1050A. 3. Revision.

[SCH17] Schaefer, Marcel; Kessler, Steffen; Scheible, Philipp; Graf, Thomas (2017): Modulation of the laser power to prevent hot cracking during laser welding of tempered steel. In: *Journal of Laser Applications* 29 (4), S. 42008. DOI: 10.2351/1.4989766.

[SCH18] Schipper, Branco W.; Lin, Hsiu-Chuan; Meloni, Marco A.; Wansleeben, Kjell; Heijungs, Reinout; van der Voet, Ester (2018): Estimating global copper demand until 2100 with regression and stock dynamics. In: *Resources, Conservation and Recycling* 132, S. 28–36. DOI: 10.1016/j.resconrec.2018.01.004.

[SCH94] Schmidt, Harald (1994): Hochgeschwindigkeits-Schweissen von Feinstblechen mit CO2-Laserstrahlung unter besonderer Berücksichtigung des Humping-Effektes. 1. Aufl. Aachen: Mainz (S. 100-102).

[SCH15] Schmidt, Philipp A.; Zaeh, Michael F. (2015): Laser beam welding of electrical contacts of lithium-ion batteries for electric- and hybrid-electric vehicles. In: *Prod. Eng. Res. Devel.* 9 (5-6), S. 593–599. DOI: 10.1007/s11740-015-0637-4.

[SCH10] Schmitt, F.; Mehlmann, B.; Gedicke, J.; Olowinsky, A.; Gillner, A.; Poprawe, R. (2010): Laser Beam Micro Welding with high Brilliant Fiber Lasers. In: *Journal of Laser Micro/Nanoengineering* 5 (3), S. 197–203.

[SCH12] Schmitt, Felix (2012): Laserstrahl-Mikroschweißen mit Strahlquellen hoher Brillanz und örtlicher Leistungsmodulation. Dissertation. Aachen: Shaker (Berichte aus der Lasertechnik) (S. 1-10, 31, 33, 37, 55-57).

[SCH02] Schulz, Jörn-Eric (2002): Werkstoff-, Prozess- und Bauteiluntersuchungen zum Laserdurchstrahlschweißen von Kunststoffen. Aachen: Dissertation (S. 10-14).

[SCH16] Schweier, M.; Haubold, M. W.; Zaeh, M. F. (2016): Analysis of spatters in laser welding with beam oscillation. A machine vision approach. In: *CIRP Journal of Manufacturing Science and Technology* 14, S. 35–42. DOI: 10.1016/j.cirpj.2016.05.004.

[SCH13] Schweier, M.; Heins, J. F.; Haubold, M.W., Zaeh, M.F. (2013): Spatter formation in laser welding with beam oscillation. In: *Lasers in Manufacturing Conference*, S. 20–30.

[STÖ98] Stöcker, Horst (1998): Taschenbuch der Physik. Formeln, Tabellen, Übersichten. 3., völlig überarb. und erw. Aufl. Thun: Deutsch (S. 629-630).

[STR11] Stritt, Peter; Weber, Rudolf; Graf, Thomas; Müller, Steffen; Ebert, Christian (2011): Utilizing Laser Power Modulation to Investigate the Transition from Heat-Conduction to Deep-Penetration Welding (12).

[TEM13] Temmler, André (2013): Selektives Laserpolieren von metallischen Funktions- und Designoberflächen. Zugl.: Aachen, Techn. Hochsch., Diss., 2013. Aachen: Shaker (Berichte aus der Lasertechnik), (S. 33-34).

[THI13] Thiel, C.; Weber, R.; Johannsen, J.; Graf, T. (2013): Stabilization of a Laser Welding Process Against Focal Shift Effects using Beam Manipulation. In: *Physics Procedia* 41, S. 209–215. DOI: 10.1016/j.phpro.2013.03.071.

[THI12] Thiel, Christiane; Axel, Hess; Weber, Rudolf; Graf, Thomas (2012): Stabilization of laser welding processes by means of beam oscillation. In: *Proceedings of SPIE*.

[VÄN13] Vänskä, M.; Abt, F.; Weber, Rudolf; Salminen, A.; Graf, Thomas (2013): Effects of welding parameters onto keyhole geometry for partial penetration laser welding. In: *Lasers in Manufacturing Conference*, S. 199–208.

[WEB10] Weberpals, Jan-Philipp (2010): Nutzen und Grenzen guter Fokussierbarkeit beim Laserschweißen. Zugl.: Stuttgart, Univ., Diss., 2010. München: Utz (Laser in der Materialbearbeitung) (S. 43-44).

[WHI84] White, G. K.; Collocott, S. J. (1984): Heat Capacity of Reference Materials: Cu and W. Cu and W. In: *Journal of Physical and Chemical Reference Data* 13 (4), S. 1251–1257. DOI: 10.1063/1.555728.

[WIL98] Willamowski, Uwe (1998): Standardisierbare Verfahren zur präzisen Charakterisierung des Absorptions-, Reflexions- und Transmissionsgrads optischer Komponenten. Universität Hannover: Dissertation (S. 59-60).

[YAM16] Yamazaki, Yosuke; Abe, Yohei; Hioki, Yukio; Nakatani, Mitsuyoshi; Kitagawa, Akikazu; Nakata, Kazuhiro (2016): Fundamental study of narrow-gap welding with oscillation laser beam. In: *Welding International* 30 (9), S. 699–707. DOI: 10.1080/09507116.2016.1142193.

[YOU17] YOU, Young-Tae; KIM, Jin-Woo (2017): Fiber Laser Welding Properties of Copper Materials for Secondary Batteries. In: *ms* 23 (4). DOI: 10.5755/j01.ms.23.4.16316.

[ZHA15] Zhang, Lin-Jie; Zhang, Xing-Jun; Ning, Jie; Zhang, Jian-Xun (2015): Modulated fiber laser welding of high reflective AZ31. In: *Int J Adv Manuf Technol* 76 (1-4), S. 721–733. DOI: 10.1007/s00170-014-6303-8.

11.1 Eigene Veröffentlichungen

[CON18] Conzen, Jan; Haeusler, A.; Stollenwerk, J.; Gillner, A.; Loosen, P.; Poprawe, R. (2018): Laserstrahl-Mikroschweißen von mikroelektronische Baugruppen unter Anwendung von örtlicher und zeitlicher Energiedeposition. In: *Elektronische Baugruppen und Leiterplatten Proceedings*.

[HAE17a] Haeusler, A.; Mehlmann, B.; Olowinsky, A.; Gillner, A.; Poprawe, R. (2017): Efficient Copper Microwelding with Fibre Lasers using Spatial Power Modulation. In: *Lasers in Engineering* 2017 (36), S. 133–146.

[HAE17b] Haeusler, A.; Schürmann, A.; Schöler, C.; Olowinsky, A.; Gillner, A.; Poprawe, R. (2017): Quality improvement of copper welds by laser microwelding with the usage of spatial power modulation. In: *Journal of Laser Applications* 29 (2), S. 22422. DOI: 10.2351/1.4983505.

[HAE18] Haeusler, A.; Hollatz, S.; Olowinsky, A.; Gillner, A.; Poprawe, R. (2018): Quality improvement of the surface of laser micro welds by using a dual beam setup. In: *Journal of Laser Applications* 30 (3), S. 32423. DOI: 10.2351/1.5040626.

[HEI17] Heinen, P., Haeusler, A., Mehlmann, B., Olowinsky, A. (2017): Laser beam microwelding of lithium-ion battery cells with copper connectors for electrical connections in energy storage devices. In: *Lasers in Engineering, Vol.36* 2017.

In der Reihe **Ergebnisse aus der Lasertechnik** zuletzt erschienen:

Häusler, André:
Präzisionserhöhung beim Laserstrahl-Mikroschweißen durch angepasstes Energiemanagement
ISBN: 978-3-86359-933-1
Erscheinungsdatum: 04.02.2021

van der Straeten, Kira:
Laserbasiertes Fügen von Kunststoff-Metall Hybridverbindungen mittels selbstorganisierter Mikrostrukturen
ISBN: 978-3-86359-938-6
Erscheinungsdatum: 04.02.2021

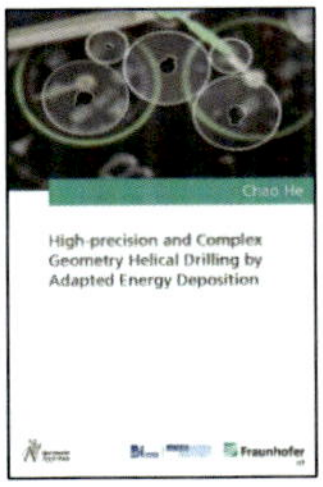

He, Chao:
High-precision and Complex Geometry Helical Drilling by Adapted Energy Deposition
ISBN: 978-3-86359-916-4
Erscheinungsdatum: 26.11.2020

Schniedenharn, Maximilian:
Einfluss von Fokusshift und Prozessnebenprodukten auf den Laser Powder Bed Fusion Prozess
ISBN: 978-3-86359-910-2
Erscheinungsdatum: 10.11.2020

Edition Wissenschaft
Apprimus

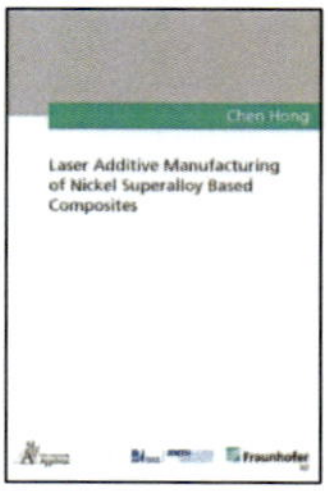

Hong, Chen:

Laser Additive Manufacturing of Nickel Superalloy Based Composites

ISBN: 978-3-86359-883-9
Erscheinungsdatum: 13.08.2020

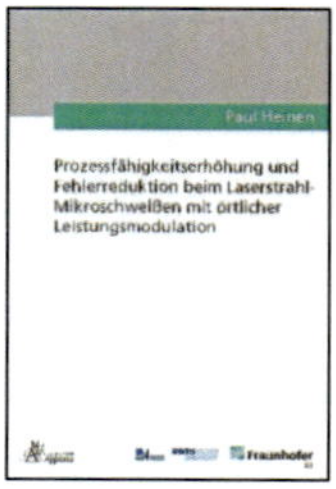

Heinen, Paul:

Prozessfähigkeitserhöhung und Fehlerreduktion beim Laserstrahl-Mikroschweißen mit örtlicher Leistungsmodulation

ISBN: 978-3-86359-884-6
Erscheinungsdatum: 04.08.2020

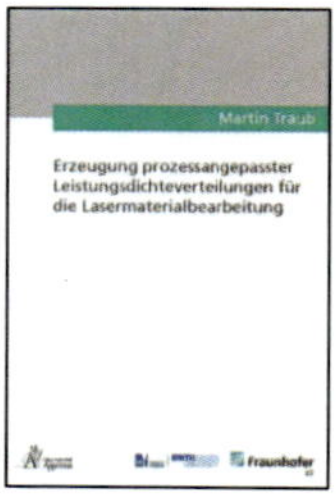

Traub, Martin:

Erzeugung prozessangepasster Leistungsdichteverteilungen für die Lasermaterialbearbeitung

ISBN: 978-3-86359-869-3
Erscheinungsdatum: 13.07.2020

Vieker, Jochen:

Einflussfaktoren auf die Emissionseigenschaften einer EUV Strahlungsquelle im Langzeitbetrieb

ISBN: 978-3-86359-859-4
Erscheinungsdatum: 11.05.2020

FSC
www.fsc.org
MIX
Papier | Fördert gute Waldnutzung
FSC® C083411

Kolibri 360 GmbH
Ferdinand-Jühlke-Straße 7
99095 Erfurt, Deutschland
produktsicherheit@kolibri360.de